感光材料性能与使用

修订版

北京电影学院摄影专业系列教材

张铭 著

浙江摄影出版社

张 铭 女,1955年生。教授。

1982年毕业于北京师范大学化学系(本科)。

从事摄影技术教学工作20余年,开设有"电影胶片应用原理"、"照相技术"、"照相化学"、"分析化学"和"影像质量评价"等课程。

译有《黑白暗房技术》、《室内摄影》。参与了《现代影视技术辞典》、《摄影大辞典》和《摄影手册》的编写;在专业会议和《影像科学与实践》、《感光材料》、《影像技术》、《摄影与摄像》等杂志上发表论文若干篇。

《北京电影学院摄影专业系列教材》是在前一套《北京电影学院图片摄影专业系列教材》的基础上重新组织、策划而编写的。在这里，首先要感谢各位作者的加盟，有了各位作者的辛勤努力，才有今天的教材问世。这套教材的出版将有益于当今中国高校摄影教育的发展，对当前缺少专业摄影教材的高校无疑是雪中送炭。我们试图通过我们的工作为社会、为时代的发展做一点有益的事。这套教材是在浙江摄影出版社的帮助下才得以出版的。

　　教材出版后，得到摄影界和广大高校师生的关注和认可，同时也指出了其中的不足之处。在此基础上，我们根据高校摄影教学的需要和读者的建议，对2003年版的教材作了一次全面修订，不仅增删了部分科目，对书籍的内容及装帧也作了一些修改。经国家教育部严格审查认定，《北京电影学院摄影专业系列教材》部分教材(5种)已列为普通高等教育"十一五"国家级规划教材，其余品种正在补充申报过程中。

　　当然，此套教材在编写中难免还会有一些缺憾，敬请各位老师、同学和读者谅解。我们会在今后的工作中加以完善和改进。谢谢。

北京电影学院

2007 年 7 月

目 录

1 感光材料发展史略及展望

□ 如果把照相机比作画家手中的笔，光作为画家手中的颜料，那么，感光材料就相当于画家手中的画纸。由此可见，感光材料在摄影过程中的作用十分重要。

□ 100多年前，人类即时、忠实地记录影像的需求，诱发了人们发现、发明感光材料的强烈欲望。而在苦苦寻觅中，当艺术的需求和科学的思维、现实的生产力结合在一起时，梦想才变成了现实。

感光材料的诞生及发展

感光材料雏形的出现

在摄影术问世前,人们一直在寻找一种能忠实再现景物的方法,先后发现了光的折射现象、针孔成像现象和光的散射现象等。在达·芬奇时代,利用针孔成像原理制作的暗箱已经被画家用来确定景物在画面中的透视关系。至16世纪中叶,带有凸透镜的便携式绘画暗箱出现。到了1812年,具有凹凸透镜的照相机雏形出现了。但当时尚未找到感光材料,人们看到的景象仍不能保存下来,还不能称之为完整的摄影术。

◎**达盖尔式摄影法** 1839年,法国科学院正式宣布,世界上第一个实用摄影方法研究成功。这便是由巴黎著名画家达盖尔(Mande Daguerre)发明的,曾于19世纪中期在各国流行了10多年之久,被称作"达盖尔式摄影法"(Daguerre Process)的银版摄影术。

现存的最早的一幅达盖尔式照片是达盖尔于1837年在室内用自然光拍的《静物》。他所用的方法是:

1. 将镀银的铜版洗净擦光,将镀银面盖在一个装有碘的密封箱内,银面向下,使碘蒸气与银作用,化合为有感光作用的碘化银。

2. 将这块铜版放入摄影机内进行曝光。光的作用使铜版上的碘化银按物体形象的明暗度还原为不同密度的金属银。

3. 将已经曝光的铜版置于装有加热的水银的密封箱内,令水银蒸气和还原出来的金属银形成汞合金影像。

4. 将已有影像的铜版放入浓食盐溶液中定影,使未感光的碘化银失去感光作用。

5. 水洗、晾干,即成为一幅影像与实物一样,但左右相反的正像照片。

在此之前的1822年,法国夏龙市石版印刷技术工匠尼埃普斯(N.Niepce)为了改进印刷技术,开始对沥青感光板进行研究。1826年,他把感光板装入暗箱,用8小时的曝光时间获得了一张记录室外街景的照片《窗外景色》,这种方法被称为"日光蚀刻法"(Heliography)。但这个研究成果当时并没有引起人们的关注。

◎**卡罗式摄影法** 同一时期,英国科学家塔尔伯特(Fox Talbot)也发明了一种摄影方法——塔尔伯特摄影法(Talbot type Process),也称之为"卡罗式"摄影法(Calotype Process)。可以说,这就是现代

负—正成像体系的前身,于1841获得了专利。其方法为:

1. 将白纸先浸入普通的食盐溶液中,尔后再浸入硝酸银浓溶液中,使纸上所带的卤化物和硝酸银发生化学反应:

$$硝酸银+氯化钠 \rightarrow 氯化银(沉淀\downarrow)+硝酸钠$$

2. 将沉积有氯化银的白纸放入摄影机内拍摄曝光,再用浓食盐溶液进行定影,便可得到一张明暗与实物相反的纸基负片。

3. 将这张负片放在另一张感光纸上,置于日光下曝晒,并用同样的方法进行定影,即可得到一幅明暗与实物相同的相片。

当时,用此种方法得到的影像质量不如银版摄影的效果精细。

达盖尔式摄影法和塔尔伯特摄影法共有的缺点是:

1. 用食盐定影不彻底,特别是塔尔伯特摄影法用的是纸基感光材料,纸基纤维内含有大量未被还原的银盐,所以日久易于变色,甚至完全退色。

英国科学家赫谢尔(John Herschel)爵士于1819年发现,海波能溶解卤化银,当他得知达盖尔和塔尔伯特在试验各自的摄影方法时,提出用海波定影的方案。两位摄影者都采用了他的建议,并做了改进,效果良好。这种定影方法一直沿用至今。

2. 达盖尔和塔尔伯特所用感光材料的感光度都很低,感光时间需要几十分钟,使拍摄人像受到很大的限制。

3. 达盖尔式摄影法还有一个更大的缺点,即成本高,不能反复印制。塔尔伯特式摄影法虽能复印,但因纸基粗糙,反复印制出来的影像质量不佳。

◎火棉胶摄影法 基于以上种种原因,英国的一位雕塑家阿切尔(F.S.Archer)于1851年发明了"火棉胶摄影法"(ollodion Process),仅过了几年就把以上两种摄影法取代了。

火棉胶是将硝化纤维(俗称火棉)溶于酒精和乙醚中所形成的一种黏稠溶液,将碘化钠和少量溴化钾与火棉胶混合均匀,涂于洁净透明的玻璃上,再将玻璃版放入硝酸银溶液中,使硝酸银与火棉胶中的碘化钠及溴化钾发生化学反应,形成具有感光作用的碘化银晶体和溴化银晶体,这就是"火棉胶"感光材料。这种感光材料要在制备后立即拍摄。

拍摄后,用邻苯三酚溶液和海波分别进行显影和定影,再经过水洗、晾干,即可得到一幅明暗与实物相反的玻璃版负像。

这种感光材料的优点是:和达盖尔式摄影法得到的影像一样清晰,成本却不足其十分之一,同时,可像塔尔伯特式摄影法那样反复印制,而影像质量却比塔尔伯特式更精细。兼两者之长,补两者之短。

其感光度比较高,在明亮的阳光下,曝光时间只要15秒至1分钟。所以自1851年问世后,一直流行了20多年,成为摄影史上一个比较重要的历史时期。

它的缺点在于:火棉胶摄影法的拍摄和冲洗必须在火棉胶未干燥之前大约20分钟内进行,因火棉胶干燥后不透水,药液无法渗入其中发生作用,所以又称"湿版摄影法"(Wet Plate Process)。这给摄影者带来极大的麻烦,特别是外出拍摄时,除了要带照相机、三脚架外,还必须携带化学药品、暗房帐篷及冲洗用具等,这使许多摄影爱好者不敢问津。

1871年,英国一名医生兼业余摄影爱好者马多克斯(Richard Lench Maddox)发明了照相"干版",此后,"湿版"摄影法很快就销声匿迹了。

◎**干版摄影法** 感光干版是用明胶作为胶合剂代替火棉胶,将溴化银与明胶混合后涂于洁净的玻璃版上,干后即成为感光干版,可以随时拍摄。感光干版的发明,意味着感光材料商品化的条件已经成熟。在这方面做得最突出的是美国一位20多岁的银行记账员G.伊斯曼(George Eastman)。他于1880年在美国的罗彻斯特开设了一家伊斯曼干版公司,用自己设计的涂布机开始正式生产摄影用玻璃干版,并向市场销售。

考虑到玻璃干版不便于携带,容易破碎,伊斯曼又在1885年制造了一种名为"美国胶片"的感光材料,用一长条形纸基涂以明胶乳剂,可以连续拍摄,冲洗后,将乳剂从纸基上剥下来,夹在两块玻璃版之间,洗印成照片。这就是世界上最早的卷片。

1888年,伊斯曼制造成功一种轻便的、固定曝光的方盒式摄影机,名叫"柯达1号"摄影机,与"美国胶片"同时出售。每卷"美国胶片"长6米,可拍直径为6厘米的圆形照片100幅,胶片拍完后,需要连同摄影机寄回柯达公司,由公司负责冲洗,并装上新胶片。

1889年,伊斯曼用硝化纤维透明片基取代了纸基,为现代摄影奠定了基础。

感光材料的发展

综观感光材料的起步和发展,可以明显地看出,它是沿着一定的脉络一步步地改进和提高的,一方面,感光材料的感光性能和影像结构得到了改善,同时,实现了感光材料的彩色化。

◎**感光性能和影像结构特性的改善** 在感光材料的感光性能和影像结构特性逐步得到改善和提高的过程中,乳剂制备一直是"重头戏"。这是因为,感光剂卤化银不能从试剂商店中直接购买,而需要让硝酸银和卤化物等物质在乳化过程中进行化学反应,形成具有感光能力的卤化银晶体。

随着对影像质量要求的提高和需求量的增加,以及对感光材料系统研发力量的逐渐增强,在这个领域融入了越来越多的专业技术,形成了一个富有创造力的感光化学工业,并取得了骄人的成绩。

●**感色性方面** 最初,卤化银明胶乳剂只对蓝光感光,对其他色光不感光,故而不能正确表现各种色彩的影调关系,人称"色盲片"。1873 年,德国化学家奥格尔(Hermann Wilhelm Vogel)发现,在乳剂制备过程中,加入名为四溴荧光素(EOSINE)的淡红染料,可使乳剂不仅对蓝光感光,而且也对绿光感光,并于 1884 年制造出这样的感光干版在市场销售,名为"正色"干版。

1882 年,奥格尔又在乳剂中加入了名为"阿萨林"(azaline)的染料,使乳剂不但能对蓝光和绿光感光,而且能对黄色光和橙色光感光。

1906 年,另一些德国化学家用一种名为"异花青"的染料代替"阿萨林",使乳剂的感色性从蓝、绿、黄、橙扩展到蓝、绿、黄、橙、红,为制造全色片打下了基础,也为彩色胶片的制造创造了条件。

●**片基方面** 虽然硝酸片基是实现感光胶片商品化的有功之臣,但它也有一些不可避免的缺点,如易燃极不安全,质脆容易断裂,年久容易变色等。因此,1930 年,人们选用醋酸纤维素酯代替硝酸纤维素酯作片基。

醋酸纤维素酯片基的最大优点是不易燃烧,所以称为安全片基。但它也有缺点,如收缩率大,几何尺寸不稳定;在低温下容易变脆;强度差,易折损等。这些都不适合对尺寸要求较高的航空测量、科学研究、印刷制版以及医学摄影等。20 世纪 70 年代,机械强度更高的涤纶片基问世。目前,我们所用的摄影胶卷仍以醋酸纤维素酯片基为主。

●**感光度方面** 自 R.L.马多克斯制造出明胶乳剂后不久,人们发现,在配制乳剂时,延长加热时间可以提高乳剂对光的敏感度。这一发现,成为后来控制乳剂感光度的重要条件之一,名曰"物理成熟"。通过这种控制,当 1880 年 G.伊斯曼生产第一批干版时,它的感光度已经相当于 ISO12,可以手持拍摄。后来,通过化学增感、光谱增感、T 颗粒等技术,感光度不断得以提高。

到了 20 世纪初,胶片的感光度达到了 ISO20;到了 20 世纪 20 年代,达到了 ISO30;到了 30 年代,达到 ISO50;到了 40 年代,达到 ISO100;到了 50 年代,达到 ISO200、ISO400;到了 80 年代,已达到 ISO1000、ISO1600~3200。

●**颗粒性及其他** 20 世纪 50 年代前,感光材料的感光度越高,颗粒越粗。从 50 年代后,人们追求高感微粒,研制出了扁平状的颗粒,实现了薄层涂布,缓解了感光度和颗粒性的矛盾。相应地,由于高感微粒的实现,使得感光材料的清晰度和分辨能力也得以提高。

◎**感光材料的彩色化** 早期的彩色摄影尝试是很粗糙的,有过许多发明,也曾多次被否定。最初的很多方法是借助于滤光器在黑白感光材料上实现的。之后,人们又用过染色和调色的方法,使影像带上某种色彩或成为单色调影像,并最终诞生了彩色感光材料。

●**三底法** 彩色影像的出现源于 1857 年物理学家麦克斯韦尔(Clerk Maxwell)的演示。麦克斯韦尔认为看到的任何色彩,都可以用红、绿、蓝三种原色匹配出来。他对同一被摄景物,分别加用红、绿、蓝滤光器进行拍摄,冲洗后得到三张黑白底片,并用这三张底片分别印出三张正片,再用三台放映机将影像重叠投影到屏幕上,每台放映机镜头前分别加用拍摄时所用的滤光器,这样屏幕上就会出现被摄景物的彩色影像。这种方法称为三底法。这种色彩再现的方式需要庞大的设备,操作麻烦,很不方便,因而无实用价值。三底法彩色影像的成像原理参见图 1–1。

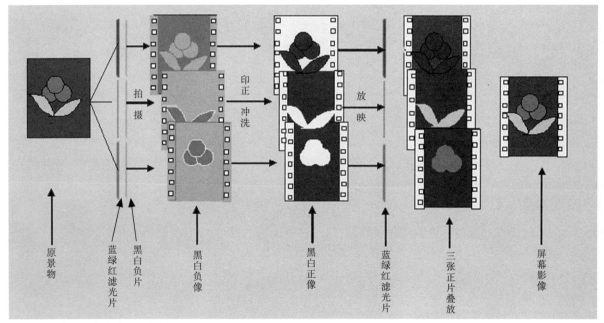

图1-1 三底法彩色影像的形成(彩)

●**彩屏法** 在三底法之后,人们保留了麦克斯韦尔的彩色成像原理,并改进了他的方法,试图将画面分割为细小的、肉眼不易分辨的单元,每个细小的单元能够独立接收照射到它的色光。人眼可以通过这些单元看到合成的色彩。彩屏法(mosaic screen)胶片就是依照这种原理设计的。彩屏法胶片的成像原理见图 1–2。

彩屏法胶片是一种反转片,在它的片基背面附有由许多透明三原色点组成的三原色滤屏。在每平方英寸上有近百万个微细的滤光屏,其微细程度远远超出了人眼的分辨率。杜菲彩色片(dufaycolor)是这类胶片的代表。曝光时,光从片基背后透过滤光片,在感光乳剂上曝光,经过反转冲洗,得到正像。放

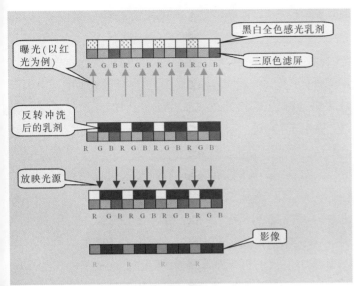

图1-2　彩屏法胶片的成像原理示意图(彩)

映时,白光透过滤屏,显现的就是原景物的色彩。1928年,柯达公司将这种方法用在了16毫米反转片上。在多层彩色片问世之前,这种方法曾经是获得彩色影像的主要方法之一。20世纪70年代,波拉公司的一步成像彩色电影胶片(polavision)以及其后推出的35毫米彩色反转片,都是在杜菲彩色片的基础上改进得到的。由于曝光时,光要通过红、绿、蓝滤光屏才能到达乳剂层,所以,只有不足1/3的光量到达乳剂层,因而这种胶片的感光度较低。而放映时需要强光源,同时,这种胶片的清晰度也较低。

在试图用通过影像的三原色光投射到屏幕上形成彩色影像的同时,人们也在寻找用染料组成影像的方法再现景物的色彩。

●**外偶法胶片**　最早用色光相减的方法设计的胶片是柯达公司的彩色反转片kodakchrome,于1935年问世。和现在的彩色片不同,它有三层乳剂,不含有成色剂,分别感受蓝、绿、红光,在冲洗过程中需要依次用不同的染料偶合显影液分别对三层乳剂进行显影,分别生成黄、品红、青染料,产生可供放映的正像画面。因成色剂在显影液中,而不在胶片乳剂中,因此被称为外偶法胶片(参见本书第十章相关内容)。

●**内偶法胶片**　20世纪中期,柯达内偶法彩色负片诞生。其感光乳剂由感蓝、感绿、感红三层乳剂组成,被称为多层彩色负片,它的每层乳剂中含有油溶性成色剂,因此也被称为内偶法。拍摄后,在彩色显影时,各层分别生成和所感色光互补的黄、品红、青染料,并且和原景物明暗相反。与这种胶片配套的是含有成色剂的多层彩色正片和相纸,其结构和负片相仿,乳剂排列顺序有所不同,相纸从上到下依次为红、绿、蓝层,彩色正片则为绿、红、蓝层。

同年,阿克发公司推出了AGFACOLOR CN水溶性彩色负片和相纸,使摄影术昂然进入了彩色时代。彩色影像以自然、丰富的色彩受到人们的欢迎,流行至今。这种胶片的显著优点是:在冲洗之后,彩色影像已经存在于胶片或相纸上,观看时不需要特殊的放映设备,也不需要特别强的光源。

◎**感光材料品种增加**　随着摄影装备、摄影技术和感光材料制造技术的不断进步,加之人们对摄影作品的要求不断提高，很多感光材料的新品种应运而生，如一步成像法胶片、黑白染料片、APS胶片等。

1947年2月，一步成像的创始人——美国波拉公司的兰德(E.H.Land)博士，在美国光学学会上首次公开提出了一步成像的理论和设计。次年就开始生产波拉一步成像黑白片，并于1963年开始生产一步成像彩色片——Polacolor。在以后的10年中，波拉公司不断改进胶片质量，研制新产品。1972年5月，兰德在"摄影科学与工程学会"的年会上，提出了"绝对一步成像"的报告，推出了采用新相机、新胶片和新方法的SX-70系统。

通常称为"一步成像"的"直接成像彩色摄影"方法，采用扩散转移法成像原理，可在拍摄完成后的退片过程中将胶片自带的药包挤破，迅速完成冲洗过程，得到黑白或彩色正像画面，这种大大节省时间、无需进暗房、无需常规的复杂加工设备的方法，因其方便快捷，赢得了摄影者的青睐。

1980年，英国的依尔福公司推出了可用C-41工艺冲洗的黑白染料片，构成影像的银由染料代替，其清晰度、分辨率以及对被摄体亮部和暗部细节层次的再现都十分出色，由于这种黑白负片可以和彩色负片用同一种冲洗工艺冲洗，使黑白摄影变得更为方便快捷。之后，柯达等胶片生产厂家也有同类产品问世。

1996年，APS先进摄影系统(Advanced Photo System)问世。它是由柯达公司、富士公司以及美能达、佳能和尼康等相机、感光材料、冲洗设备制造厂家共同研制开发的。

APS胶片是与专用相机配合使用的，APS胶卷是APS先进摄影系统的核心，采用全新的椭圆形无牵引头的胶卷暗盒，胶片背部采用新的镀膜技术，上下两边各涂有一条透明的磁质表层，用于记录拍摄冲洗数据，如曝光条件以及冲洗工艺、扩印工艺、照片扩放形式等多种特定参数，可与相机、彩扩冲印机实现信息共享。当胶卷装入相机或冲扩机时，暗盒内含的推力机构会自动将片头推至合适位置，进入拍摄或冲印状态，简易方便。无论拍了几张胶卷，使用者可随时取出和装入。从暗盒端部的状态显示中可以一眼看出此胶卷处在"未拍摄"、"部分拍摄"、"全部拍摄未冲印"、"已冲印"中的某一状态。胶卷拍摄冲印后，底片仍退回暗盒内，可长期保存底片，防止受损。APS胶片不仅是摄影技术史上的一个巨大创新，而且也为今后摄影技术的发展提供了广阔的空间。

感光材料的发展趋势

感光材料的发展趋势

美国波拉公司的兰德博士曾经说过这样一句话:"人类对卤化银在感光材料上的应用还处于石器时代。"这话听起来似乎有些危言耸听,但预示了人类对已经具有150多年历史的卤化银感光材料潜力的挖掘还处于初级水平。

以感光度为例,卤化银体系的感光度从20世纪初期的ISO12发展到现在的ISO1600~3200,已经大大地提高了,但是潜力仍然很大,还远远没有达到极限。研究表明,用于科研的一步成像感光材料的感光度可达到ISO20000以上。而根据理论计算,卤化银体系的感光度可达到ISO50000~60000。

已经历百余年发展历程的卤化银感光材料,具有扎实的科学技术基础,并形成了技术密集的工业体系。在与电子影像的竞争中,以其感光度高、信息容量大、影调连续、光谱特性好、具有良好的保存性等特点,依然占有很大的优势,并继续向前发展着。随着照相器材的普及,洗印加工服务的方便快捷,摄影爱好者和专业摄影队伍不断壮大,感光材料的需求量大增。有资料显示,在20世纪80年代末,全世界每年制作的彩色照片约有400亿张,到90年代初,达到500多亿张,而到了21世纪初,一年的拍摄张数就超过700多亿。

近年来,卤化银感光材料发展的特色和趋势主要表现在以下几方面。

◎**感光材料品种和规格的多样化和系列化**　以往,感光材料主要用于电影和照相行业,随着电子影像系统的发展,用于电影方面的胶片需求量相对减少,但适应新的影像系统的感光材料品种不断增加,如KODAK EKTACHROME Electronic Output Film,是用于记录数字相机创作的第一代电子影像或由计算机创作的影像,用E-6工艺加工。同时,感光胶片的应用领域不断拓宽,用于科学研究的特种胶片,如航测、医用等胶片品种不断增加。用于图片摄影、电影摄影以及医用、科研等领域的各类产品的品种和规格已达近万种,其中常用的品种有400多种。

另外,各厂家的感光材料大都自成系列,以柯达公司为例,胶片分为民用照相胶片、专业胶片、航空片、缩微胶片、电影胶片、医用胶片等,其中民用胶片家族又分为彩色负片、彩色反转片、APS彩色和黑白胶片等,共计20余种。电影胶片也同样,柯达公司推出EXR系列负片后,继而又推出了VISION负片系列。富士公司的电影负片也是系列化的。并且,各公司都有相应的正片、中间片与负片系列配套。从20世纪50年代到80年代,电影胶片更新换代了7次,而近几年,胶片型号更新更频繁,几乎年年有新品推出。

◎**感光胶片的综合性能越来越好**　感光材料产品质量不断提高,更新换代的速度加快。经历了长期发展,感光胶片生产技术中的科技含量越来越高,今天的感光化学专家可以对感光乳剂进行精细的设计和控制,而且生产者可以制造出所需形状和构成的卤化银晶体,实现了乳剂多层涂布的复杂工艺,不仅使感光材料的感光度提高,而且在影像质感、层次、分辨率、清晰度、稳定性和色彩还原等方面不断改进。摄影师可以明显地感受到,过去拍摄远景时,受紫外线影响,画面常常会大面积偏蓝青色,对此,很多胶片生产厂家采用了先进的光谱增感技术,切断了紫外光对影像色彩的影响,这种现象已经有了很大的改善。同时,胶片对多种光源的适应性得以提高,影像的保存性和色牢度也受到了关注。

◎**后期加工的机械化、自动化程度提高**　20世纪80年代后,随着彩色扩印技术和加工网点的普及,常规感光材料,特别是彩色胶片和相纸的机械加工率大幅度提高。电影和图片摄影的彩色化率达到94%以上。用彩色工艺加工的黑白染料片受到人们的青睐。

卤化银成像和数字成像

摄影在进行着一场巨大的变革,它改变了以银盐感光材料作为唯一记录材料并以此作为摄影技术中心的传统模式。步入多媒体时代的今天,出现了多种记录、处理、保存、传递影像的崭新手段,传统的卤化银成像系统成了其中的一个子系统。以计算机为中心的数字影像技术,使摄影创作手段和方法也产生了很大的变革,应用范围更加宽广,成为信息社会的重要组成部分。

不可回避的问题是,传统的卤化银成像系统会不会在数字成像的快速发展中自行消亡?在不少人眼中,数字成像系统不久会完全取代传统的卤化银成像系统。但是想一想,在电子计算机已经普及的今天,可不可能期待所有的人在不久的某一天放弃纸笔,全都靠敲击键盘来书写文章?虽然一部百科全书可以容纳在不大的缩微胶片上,但事实上,印刷品却没有被取代。

摄影已经有了150多年的历史,绘画艺术也没有消亡。同样的道理,传统的卤化银成像系统也不可能在不久的某一天完结其使命。

在传统的卤化银成像系统中,卤化银既是传感器,也是存储器,而且容量很大。一幅35毫米的负片画格,能容纳$10^7 \sim 10^8$像素,如果记录在计算机的存储器中,需要占用60兆。数字成像系统靠CCD捕获影像,存储则需要配备大容量的外部存储器。虽然一幅画面所能容纳的像素达到了600万,但和感光胶卷相比,暂时还略显逊色。

在卤化银感光系统中,感光元件——卤化银颗粒大小约为 0.5~1.0 平方微米,像素大小约为 5~50 平方微米;CCD 中规则的光敏元件硅的大小约为 81~144 平方微米,这个尺寸也就是像素的尺寸。比较两组数据,就可以看出卤化银系统分辨率高的原因所在。

习　题

1. 历史上曾有过哪些摄影方法以及相应的感光材料,各有何特点?
2. 传统的卤化银感光材料与数字影像载体有何差异?

2 感光材料的构造及对其性能的影响

□ 顾名思义，感光材料是对光敏感的材料。它之所以具有特殊的感光性能，是因为具有与其他众多记录材料不同的特殊构造。因此，了解它的构造和组成，会使你从根本上理解感光材料的性能，并能在创作中运用自如。

感光材料的构造

　　假如我们拿一段感光材料,取其截面并放大,就会发现,看起来很薄的感光材料是由几层甚至十几个层面构成的,如乳剂层、片基、保护层、底层、黄滤光层、背面层、隔层等,这些涂层各司其职,缺一不可。了解感光材料的构造,有助于我们了解各种感光材料的性能,把握正确的使用方法,将感光材料的潜质最大限度地发挥出来,以获得最佳的影像质量。

　　为了便于说明,先以黑白负片为例,介绍感光材料的构造及各个涂层的成分和功能,然后对其他类型胶片作一些介绍。

黑白负片的构造

　　◎**黑白负片的构造**　黑白负片从上到下,由保护层、上下乳剂层、底层、片基和背面层组成。图2-1是黑白负片的构造示意图。

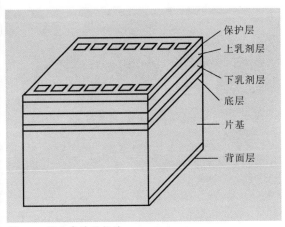

图2-1　黑白负片的构造

　　◎**各层的主要成分和功能**　感光材料为何需要这些涂层?每一层都含有哪些成分,起什么作用?下面分别介绍。

　　●**乳剂层**　乳剂层是感光材料中最主要的涂层。虽然其厚度仅占总厚度的 1/10,可拍摄后的影像就记录在其中。因此,感光材料的照相性能,如感光度的高低、灰雾密度的大小等,主要取决于这一层,即取决于乳剂的成分。

　　乳剂中最重要的成分之一是卤化银感光剂,而卤化银感光剂是以晶体的形式存在的,这些晶体虽然具有感光能力,但本身像一盘散沙,无法固定在感光材料上,更无法在相机等机械中传输。于是,人们想出了一个办法,将感光剂分散到一种胶体——明胶(保护剂)中,一来使感光剂分散均匀,二来使感光剂能被固定。同时,为了改善感光材料的照相性能,乳剂中还加有其他助剂,如扩展感色性的增感染料(增感剂)及补加剂等。

　　不同片种胶片的感光度和感色性不同,在很大程度上和乳剂所加的增感染料的种类及数量有关。

黑白负片的乳剂一般涂两层,上层涂的是对光很敏感的粗颗粒卤化银,下层涂的是对光的敏感程度相对较低的细颗粒卤化银。

乳剂层所起的作用就是记录影像,也就是说,乳剂层是记录影像的介质。当然,这里所说的"记录"比在纸上书写要复杂得多,不但要经过拍摄,还要经过冲洗等工序,才能看到影像。

●片　基　之所以要有片基,是因为乳剂虽然具备了特定的照相性能,但是本身缺乏必要的机械强度,在干燥状态时又薄又脆,冲洗过程中吸水膨胀,很容易断裂,既无法装入相机拍摄,也无法在冲洗设备中传输。为了弥补乳剂机械强度的不足,必须将其附着在具有一定机械强度的载体上,这种载体就是片基。

目前,黑白负片、彩色负片等常用的片基是透明的三醋酸纤维素酯(TAC)片基,部分彩色正片采用透明的涤纶(PET)片基。相纸的载体是不透明的纸基。历史上还用过铜版、玻璃等载体。

●底　层　按说乳剂具有感光性能,片基具有机械强度,两者结合应该很完美了,但是片基和乳剂却不容易粘合在一起,而底层具有乳剂和片基共有的成分,在片基上涂上底层,再涂乳剂,底层就起到了乳剂和片基之间的"胶水"作用,使乳剂能牢固地粘附在片基上。

●保护层　在乳剂层上方还涂有一层明胶保护层,其作用是防止乳剂和外界物体直接接触,避免被摩擦、划伤,产生摩擦灰雾。

若负片没有保护层,很容易产生划痕、条道等损伤。但有了保护层,并不是说胶片就进了保险箱,因为保护层并非铜墙铁壁,使用过程中还应小心为好。

●背面层　背面层主要有三个功能:防光晕,防静电,防卷曲。

1. 防光晕

在拍摄曝光时,若被摄景物中有强光源,这部分强光在到达乳剂层时,不一定全都被乳剂吸收,当未被吸收的光穿过乳剂层后,会在胶片各层之间的界面(如片基与空气的界面)上发生反射,当反射光再次到达乳剂层时,会使原本不应感光部位的卤化银晶体也感光,从而在影像周围产生环状光晕,使胶片的清晰度降低(图2-2A)。

为了避免出现光晕现象,人们想出了一些对策:

图2-2A　光晕现象(刘灵志 摄)

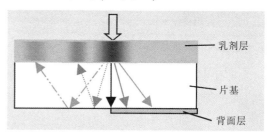

图2-2B　光晕示意图

乳剂层

片基

背面层

14

①在片基背面涂布防光晕物质。如,在彩色电影胶片的背面涂有炭黑防光晕层,在航空胶片的背面涂有绿色吸光染料,用以吸收透过乳剂层的多余光线,阻止这部分光反射到乳剂层,从而避免光晕现象的出现。从图2-2B中可以看出光晕产生的原因和防光晕层的作用。

应该注意的是,如果胶片涂有炭黑防光晕层,那么在冲洗工序中,要增加前浴和水洗步骤,也就是说,首先必须除去防光晕层,再进行显影,否则炭黑会将显影液污染为黑色,进而污染胶片的乳剂层。如果背面涂的是防光晕染料,则不必调整冲洗工序,染料会在显影时自行溶解,在显影液中脱色。

为了维护冲洗程序和防止对药液的污染,还采取了下列防光晕措施。

②片基染色。即在片基中加入防光晕染料,如黑白负片片基所带有的蓝灰色等,就属于这一类;还有在乳剂层下方加胶体银防光晕层,如黑白反转片、彩色照相胶卷、彩色反转片都属于这一类。

由于片基所染的颜色在冲洗过程中是不能去掉的,因此这种方法不能用在黑白反转片、彩色反转片及正片上。因为这些胶片要用于投影观赏,片基必须高度透明,若正像画面上都带有片基所染的颜色,会大大影响观看效果。

③胶体银防光晕层。这种防光晕措施只适用于冲洗工序中有漂白工序的胶片,如彩色反转片、黑白反转片、彩色负片,但不能在黑白负片上使用。

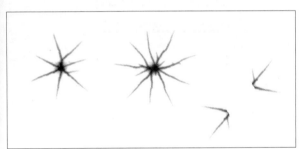

图2-2C　静电现象

2. 防静电

静电现象产生的原因是:片基是高分子化合物,本身具有很好的绝缘性能,不导电。在使用过程中,由于不可避免的摩擦,特别是在干燥条件下快速卷片,会很容易产生静电。

静电荷积累过多时,会产生静电火花,使乳剂曝光,产生树枝状花纹,使胶片因此成了废品,参见图 2-2C。另外,积累的静电荷会使胶片片基吸附灰尘,若底片上有灰尘,在印、放照片时,在画面上会出现浅色脏点。另外,在拍摄、冲洗过程中需要多次卷片或在机械中传输,吸附的灰尘会划伤胶片,使胶片上出现条道,若底片被划伤,正像画面上会出现深色条道。

防静电的方法就是在背面层中加入抗静电剂,借以改变片基表面的导电性能。

3. 防卷曲

防卷曲是背面层的另一项功能。胶片之所以卷曲,是因为片基上涂了乳剂后,片基两边的表面张力不平衡,胶片就向着乳剂面方向卷曲。为了减少卷曲程度,需要在片基的另一边涂布有机溶剂类物质,使片基背面先溶胀,干燥时又收缩,从而产生防卷曲效果。

实际上,防光晕物质、防静电物质、防卷曲物质都不一定加在背面层,也有可能加在片基里。

黑白正片及相纸的构造

◎**黑白正片的构造** 黑白正片从上到下由乳剂层、底层、透明片基和背面层组成(图2-3)。

◎**黑白相纸的构造** 常用的黑白相纸按纸基分为普通的纸基相纸和涂塑相纸。

普通的纸基相纸是以具有一定厚度、平整度、白度和柔韧性的专供照相用的不透明纸为载体的,在纸基表面涂有含硫酸钡或氧化钡及其助剂的底层。硫酸钡或氧化钡的主要作用是遮挡纸基中的有色有害物质,防止其对乳剂性能产生影响,并增加纸基的白度,同时填补纸基表面纤维之间的孔隙及凹凸不平的部位,使其平整光洁,减少纸基的吸水性,保证影像的清晰和细腻。这种相纸易于裁切和粘贴,可用铅笔、钢笔、圆珠笔、记号笔等在纸背上写字。但由于纸基吸水,在干燥前需要较长时间水洗,以除去冲洗用化学药品及其相应的副产物。黑白普通纸基相纸的构造参见图2-4。

涂塑相纸是指纸基正反两个表面涂有防水树脂层的相纸。其中纸基正面的树脂层含有氧化钛等增白物质,用以提高涂层的白度。感光乳剂涂布在防水树脂层之上,由于树脂层不透水,相纸在正常冲洗过程中,只需要短暂的水洗,即可除去冲洗用化学药品及其副产物。若湿加工时间过长,反而会使水分从相纸的边缘渗入纸基。由于涂塑相纸涂有树脂层,使其在干燥和湿润状态都结实耐用。但不能用通用的书写用具和墨水在不吸水的纸背上做标记,而需用油性笔,如圆珠笔、油性记号笔

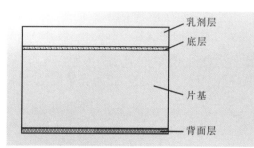

图2-3 黑白正片的构造

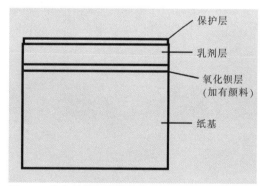

图2-4 黑白纸基相纸的构造

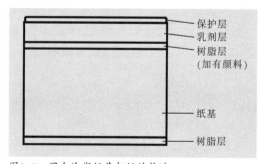

图2-5 黑白涂塑纸基相纸的构造

等做标记。黑白涂塑纸基相纸的构造参见图2-5。

虽然从剖面图上看,黑白正片、相纸的构造与负片大致相同,但由于两片种所要求的照相性能不同,故两者的乳剂成分不完全一致,其他涂层也略有不同。现将比较结果列于表2-1。

●乳 剂

表2-1

	负 片	正 片 (或相纸)
感光剂	感光剂以溴化银为主,感光度较高	感光剂以氯化银为主,感光度较低
颗粒	颗粒较粗,且大小兼有	颗粒细小而均匀
感色性	全色乳剂(对红绿蓝光敏感)	色盲乳剂(只感蓝紫光)
乳剂层数	双层涂布(上下两个乳剂层)	单层涂布(只有一个乳剂层)

注: 1. 溴化银的感光能力高于氯化银。

  2. 正片(或相纸)涂布的是色盲乳剂,可在红色、黄绿色安全灯下操作。

●保护层　黑白正片无保护层,这是因为考虑到接触印片时,多一个保护层会影响正片与负片的紧密接触,进而影响画面的清晰度。

●片基和防光晕层　黑白负片的片基多是染色的透明片基,染色的目的是用于防光晕。而正片的片基只能是无色透明的,因为它是供投影放映用的,同时,因其感光度低,产生光晕的可能性不大,所以无防光晕措施。相纸是以不透明的白色纸基作载体的。

彩色负片及反转片的构造

彩色负片及反转片的构造相似,与黑白负片相比,主要差别在于乳剂层,其构造参见图2-6。

彩色负片及反转片的乳剂层有以下两个特点。

◎**乳剂分为感色性不同的三层**

彩色负片及反转片的乳剂层分为三层,每一层仍以卤化银为感光剂,分别感蓝光、绿光和红光。比

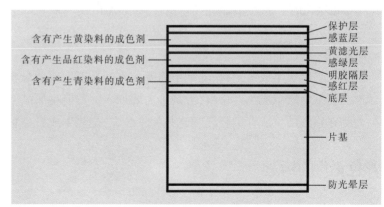

图2-6　彩色负片及反转片的构造

（图中标注：含有产生黄染料的成色剂、含有产生品红染料的成色剂、含有产生青染料的成色剂、保护层、感蓝层、黄滤光层、感绿层、明胶隔层、感红层、底层、片基、防光晕层）

如,感蓝层只感蓝光,不能感绿光、红光;感红层只感红光,不能感绿光和蓝光。可是,卤化银本身只对蓝紫光敏感,因此,为了使每层各司其职,需要解决两个问题:

1. 由于各层的卤化银都对蓝光敏感,所以要使蓝光不穿透到感绿层和感红层。

2. 卤化银对绿光和红光不敏感,要使感绿层能感绿光,感红层能感红光,而不感其他色光。

解决的方法是:

1. 利用增感染料扩展感绿层和感红层的感色性。

为了使中层感绿光,在中层乳剂中加入感绿光的增感染料,它的作用就像排球场上的二传手,将绿光接收过来,再传给卤化银,使之感绿光。下层也同理,即加入对红光敏感的增感染料,参见图2-7A。

2. 利用黄滤光层阻挡蓝光进入感绿层和感红层。

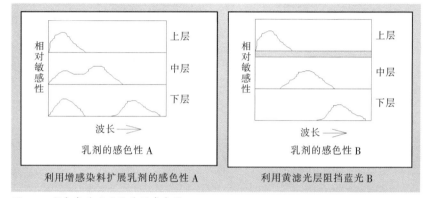

图2-7 彩色负片及反转片的感色性

利用卤化银只感蓝光的特点,将感蓝层置于最上层,以使上层只感蓝光,在感蓝层下方涂布一层黄色的胶体银滤光层,由于黄滤光层吸收蓝光,因而阻止了蓝光进入中下层,使蓝光不会在感绿层、感红层感光,参见图2-7B。

◎**每层乳剂中分别加入成色剂**　彩色片和黑白片的最大区别在于黑白片的影像是由银组成的,而彩色片的影像是由染料组成的。因此,在彩色片的乳剂中除了感光剂之外,还要加入一种能生成染料的物质——成色剂。

为在感蓝层生成黄染料,乳剂中需要加入的是能生成黄染料的成色剂(成黄成色剂);

为在感绿层生成品红染料,乳剂中需要加入的是能生成品红染料的成色剂(成品成色剂);

为在感红层生成青染料,乳剂中需要加入的是能生成青染料的成色剂(成青成色剂)。

彩色正片的构造

彩色正片和负片的乳剂排列顺序有所不同,考虑到人眼对绿光最敏感,因此对感绿层所形成的影

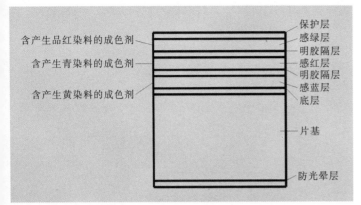

图2-8　彩色正片的构造

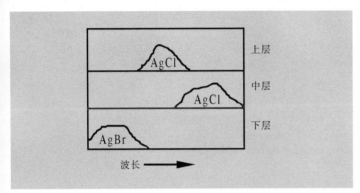

图2-9　彩色正片乳剂的感色性

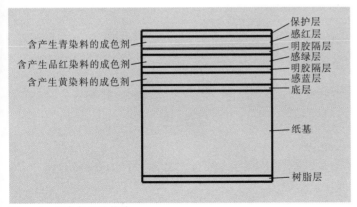

图2-10　彩色相纸的构造

像的清晰程度也最敏感。而正片是要用来投影放映的，其放大倍率很高。为了使感绿层所形成的影像具有高清晰度，在涂布乳剂时，就把感绿层放在了最上层。这是因为，光进入乳剂层后，会发生漫射，光线在乳剂中走的距离越长，漫射程度越大，影像的清晰度也越差。如果将感绿层放在中层，其清晰度不如在上层高。彩色正片的构造参见图2-8。

由于感绿层、感红层在感蓝层之上，所以不可能使用加黄滤光层的方法来阻挡蓝光进入感绿层和感红层，而是利用氯化银对蓝光敏感度比溴化银差的特点，在感绿层和感红层使用氯化银为感光剂，并进行强光谱增感，使其对绿光和红光的敏感度远远大于对蓝光的敏感度。而对感蓝层，则使用对蓝光比较敏感的溴化银作感光剂，使三层对红、绿、蓝光的感光能力比较匹配。彩色正片乳剂的感色性参见图2-9。

彩色相纸的构造

彩色相纸的构造和彩色正片相似，只是把感红层放在了最上层。原因是彩色照片大多装在镜框里，挂在墙上、展览在橱窗内或压在玻璃板下，即在光照条件下保存，而黄、品红、青染料在光照条件下会退色，且三种染料的退色程度不同,其中,青染料退色最慢,黄、红染料较易退色,因此在乳剂排列时,就将感红层放在了最上面。彩色相纸的构造如图 2-10 所示。

彩色相纸解决感色性问题的方法与彩色正片相同。

彩色红外片

彩色红外片的构造如图 2-11 所示。三层乳剂从上到下,分别感受红外光、红光和绿光。感红外层生成的是青染料,感红层生成的是品红染料,感绿层生成的是黄染料。

因此,生成的色彩和我们日常的视觉感受有所不同,如绿色植物在底片上被显现为黄色,在正像画面中显示为蓝色。

由于红外线是不可见的,且有很强的穿透性,可用于记录动植物在黑暗环境中的活动,为研究其活动规律和心理状态提供资料;也用于各种高低空的航空摄影、资源勘探和军事侦察等。这些用途都使红外摄影成为一种特殊的表现方式。

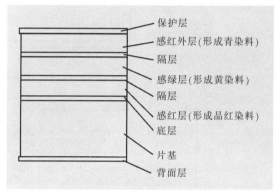

图2-11 彩色红外片的构造

感光材料构造对其性能的影响

乳剂成分对感光材料性能的影响

照相乳剂中的主要成分为感光剂、支持剂、增感剂和补加剂,彩色感光材料中还含有成色剂等。乳剂中所含的成分,包括卤化银的种类、颗粒的大小、成色剂的种类等,直接制约着感光材料的照相性能。

◎**卤化银颗粒的种类和大小对感光度、宽容度、清晰度的影响** 感光剂多为卤化银,包括氯化银、溴化银、碘化银。卤化银区别于其他化学物质的特点在于,它见光后,会以每个晶体为单位发生光化学反应,使部分卤化银发生如下式所示的分解反应:

卤化银+光子 → 银 + 卤素原子

（AgX ＋ hv → Ag＋ X）

在光化学反应中生成的银是微量的,但就是这些微量的银,在显影过程中能起到自身催化显影的作用,致使曝光的整个晶体中的卤化银全部被还原为银。

卤化银的感光能力从高到低依次为溴化银、氯化银、碘化银。在负性感光材料(如照相胶卷)中,常以溴化银为主,加有少量的碘化银,以获得较高的感光度。而在正性感光材料(如照相纸)中,则以氯化银为主,加有少量的溴化银。

由于感光度高低和卤化银颗粒的受光面积相关,因此,为使负性感光材料具有较高的感光度,卤化银颗粒相应比较大。而正性感光材料不直接用于拍摄,其感光度远比负片低,所以卤化银的颗粒相应比较小。近年来,扁平片状颗粒——T 颗粒的开发和利用,使卤化银颗粒的体积减小,受光面积增加,从而达到提高感光度的目的。

由于使用扁平片状卤化银颗粒,提高了乳剂的感光效率,还使乳剂的涂布厚度得以减薄,从而减少了光在乳剂中的漫射,使影像的清晰度也有所提高。

在负性感光材料中,卤化银颗粒有大也有小,其接受光的能力不同,能够记录的景物亮度范围比较大。而在正性感光材料中,卤化银颗粒一般是均匀的小颗粒,感光能力相对于负片要低,且能够记录的景物亮度范围比较小。

◎成色剂对色彩的影响 在彩色感光材料的乳剂中,除了感光剂以外,还加有成色剂。成色剂是一种染料中间体,在显影时,它和显影剂氧化产物发生偶合反应,生成组成彩色影像的染料。

成色剂的作用可从下列显影过程中看出:

已曝光的卤化银颗粒+彩色显影剂→银+显影剂的氧化产物

显影剂氧化产物 + 成色剂 → 染料

由于染料来源于成色剂,因此,染料的色彩和稳定性等和成色剂的品种及性质直接相关。

成色剂有水溶性的,也有油溶性的,前者因能溶于水而得名,后者则需溶于有机溶剂。目前,在市场上购买到的彩色照相负片和反转片多是用油溶成色剂制造的。水溶性成色剂已经被淘汰,但也偶见个别人存有含水溶成色剂的胶卷。由水溶成色剂生成的染料色彩真实,但不够鲜艳,染料的稳定性也不好。油溶成色剂生成的染料色彩鲜艳、稳定,灰雾小,但在冲洗后干燥前,画面呈乳白色,不易立刻判断出色彩的好坏,而且材料制造工艺较为复杂。再有,用水溶成色剂和油溶成色剂制造的感光材料,其冲洗工艺是不同的,用油溶成色剂制造的照相负片都标有"C-41工艺冲洗"的字样。购买和使用时应注意区分。

成色剂一般为无色的有机物,有的也带颜色,称为带色成色剂。我们从彩色照相负片的片边上(未曝光的部位)看到的红棕色就是带色成色剂的颜色。它的特点是,在生成染料的同时,退掉自身的颜色,而在未曝光的部位,其色彩依然存在。

之所以要使用带色成色剂,是因为目前所用的成色剂在显影时所形成的染料的光谱吸收特性不够理想。理想的黄、品红、青染料的光谱吸收特性应该是,黄染料只吸收蓝光,品红染料只吸收绿光,青染料只吸收红光,如图2-12所示。

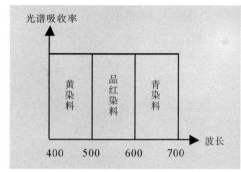

图2-12 理想的染料光谱吸收特性

实际使用的染料受到成色剂品种的制约,往往不纯,如品红染料伴有黄色,因而不仅吸收绿光,也吸收一部分蓝光;青染料也不够纯,伴有黄和品红色,不仅吸收红光,也吸收蓝光和绿光。品红染料吸收蓝光,青染料吸收蓝光和绿光,被称为"有害吸收"。而且与品红染料伴生的黄色染料、与青染料伴生的黄和品红色染料,其密度是随曝光量的增加而增加的,不是一个定值,由此造成的色偏差无法在印片时用滤光镜加以校正。以感绿层生成的品红染料为例,随着曝光量增加,品红染料渐次增加,但是,黄染料也相应增加,参见图2-13。在制作正像画面时用滤光片校正,如果按高密度部分校正,低密度部分就矫枉过正了;如果按低密度部分校正,对高密度部分的校正就不够了。

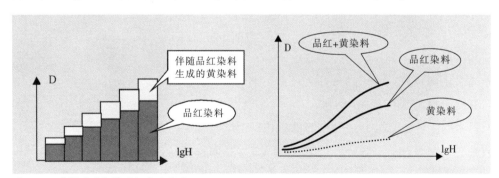

图2-13 感绿层的染料的组成示意图

为校正染料不纯引起的色彩偏差,感光材料生产厂家将乳剂中一部分生成品红染料的无色成色剂用本身带有黄色的成色剂代替;将一部分生成青染料的无色成色剂改用带有橙色的成色剂。这样做的目的,并不能消除随品红染料生成的额外的黄染料和随青染料生成的额外的黄染料、品红染料,但可以使这部分额外的色彩在画面中保持密度一致,以便在扩印照片时能用滤光片校正色彩。

以感绿层为例,在拍摄曝光、显影后,感绿层生成品红染料的同时,虽然产生了额外的黄色染料,但带色成色剂所带的黄色也相应退去,使胶片上此部位的黄色密度仍与原成色剂所带的黄色密度保持一致。曝光多的部位,额外产生的黄染料多,成色剂退掉的颜色也就多;曝光少的部位,产生的黄染料少,成色剂退掉的颜色也就少;未曝光处的黄色则全部为成色剂的颜色,从而使画面中所有部位的黄色密度一致,即在彩色负片上蒙上了一层均匀的色罩(MASK),由于色罩是均匀的,可在印制放大正像画面时,用相应的滤光片校正。同理,感红层在生成青染料的同时,各个部位额外生成的黄色和品红色染料密度和带色成色剂所带颜色的密度之和也保持恒定。图2-14所示为感绿层所带黄色的成品红染料的成色剂的作用原理。

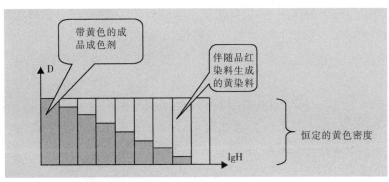

图2-14　带色成色剂的作用原理示意图

由于成色剂也称为偶合剂,所以成色反应也称为偶合反应。一般情况下,成色剂是直接加到乳剂中的,在显影时与显影剂氧化产物生成染料,所以这种方法称为内偶法。但也有成色剂是加在显影液中的,在显影时,与显影剂一起渗透到乳剂层里生成染料,一般称为外偶法。彩色反转片柯达克罗姆(Kodachrome)所采用的就是这种方法,请注意,它的冲洗工艺和通用的C-41冲洗工艺是不同的。

◎**增感剂对感色性和感光度的影响**　感光材料的感光剂——卤化银自身的感光能力远远不足以满足摄影的需要。一方面,卤化银只对光波中波长较短的蓝紫光感光,比蓝光波长更短的其他电磁波中的紫外射线、X射线以及α、β、γ射线和核辐射等也可使其感光,而对波长较长的绿光、红光却不敏感;另一方面,它对蓝光的敏感程度也很低,早期感光材料的曝光时间要长达数小时就是一个佐证。图2-15所示的实线代表了化学增感对卤化银感光能力的提高。

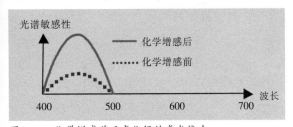

图2-15　化学增感前后卤化银的感光能力

因此,感光材料生产厂家需要在乳剂中加入两类增感剂:一类是化学增感剂,另一类是光谱增感剂。

化学增感剂,如金增感剂、硫增感剂、还原增感剂等,会和卤化银发生化学反应,在卤化银晶体上形成金、银、硫化银的微斑。这些微斑被称为"感光中心"。在曝光时,它会吸收光子,释放出电子,还原出微量的银原子。因此,增加感光中心,扩大感光中心都可以提高卤化银对光的敏感度。图2-15中的实线代表了化学增感对卤化银感光能力的提高。但是,化学增感剂并非越多越好,过多时无助于提高感光度,反倒会产生灰雾。

另一种增感剂称为光谱增感剂,多为染料。它们吸附在卤化银晶体的表面,并不和卤化银乳剂发生化学反应,只是起中间桥梁的作用,吸收卤化银不能感受的某些色光,并将吸收的光能量传递给卤化银,由此扩大卤化银的感色范围,使其对绿光、红光都能感光。

未加光谱增感剂的卤化银乳剂的感光能力如图2-16A所示,称为色盲乳剂,相应的胶片为色盲片。

加入的光谱增感剂不同,感光材料有不同的感色性。加入品红染料的卤化银乳剂,不仅可以吸收蓝光,还可以感受绿光,由于人眼对绿光比较敏感,所以在胶片可以记录绿色景物的影像后,人们就称它为正色片,如图2-16B所示。

在卤化银乳剂中再加入一种青色染料,则乳剂不仅能吸收蓝光、绿光,还能吸收红光,这样,卤化银乳剂所能吸收的色光就基本包括了整个光谱范围,因此,这种胶片被称为全色片,如图2-16C所示。

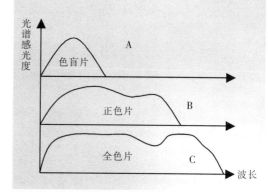

图2-16 光谱增感前后卤化银的感光能力

目前,供拍摄使用的胶片都是全色片。在全色片上加用蓝、绿、红等滤光镜,可以得到单色片的效果。黑白正片和相纸多为色盲材料,也有一部分是全色的,需注意区分。

◎**支持剂——明胶对感光度和色彩的影响** 明胶是乳剂中含量最高的物质。它的主要作用是用来分散和隔离卤化银晶体,使其悬浮在明胶之中,不沉淀,也不聚集。只有这样,才能保证卤化银以一个个颗粒为单位感光。

除此以外,明胶含有的微量元素还可以影响卤化银的感光能力。研究表明,用明胶作为支持剂的感光乳剂,其感光度要比用其他物质作为支持剂的感光乳剂高。

但是,明胶是从动物的皮和骨中提取的,受动物的种类、年龄和生存环境等因素的影响,明胶所含微量元素的成分和数量会有差异,这在某种程度上影响到感光乳剂批次之间感光性能的一致性。随着感光材料生产规模的扩大,生产厂家采取了一些有效措施。现在,由明胶造成的感光材料批次之间的差异已经越来越小了。

◎**补加剂对感光材料稳定性的影响**　除了以上成分,感光乳剂中还加有很多种辅助制剂,这些物质各司其职,使感光材料具有一定的稳定性。如稳定剂,用来防止乳剂老化;防灰雾剂,用来抑制乳剂灰雾上升;坚膜剂,用来降低明胶的吸水膨胀率,增强明胶的机械强度;防腐剂,使照相乳剂在存放过程中避免细菌、真菌对明胶的侵蚀,使乳剂不霉变;表面活性剂的存在,确保乳剂能均匀涂布到片基上,防止乳剂出现气泡和脱涂的现象;防氧化剂则是为了避免增感染料被氧化而加入的。

片基及辅助涂层对感光材料性能的影响

◎片基对感光材料性能的影响

●**片基对清晰度的影响**　作为感光乳剂载体的片基,其质量的好坏直接影响到感光胶片的清晰度。如果片基透光率差、浑浊,就会使影像的亮度和清晰度降低。因此,无色透明片基的透光率一般应在90%以上,着色片基的透光率也不能低于60%。

●**片基对感光材料韧性和机械强度的影响**　感光材料,特别是胶片,在生产、拍摄、冲洗和放映过程中,会多次受到机械力的作用,因此,它必须具有一定的机械强度,柔韧、不易断裂。如果片基的机械强度不够,就容易在照相机、洗片机或放映机中运行时发生断片事故。

片基的化学性能应当是稳定的,不能对附在其上的乳剂感光性能有不良影响;自身也不应与光、热、冲洗药液及环境中的化学成分发生反应,引起片基变质;而且要求片基材料的燃点要比较高,不易燃烧。

●**片基对感光材料几何尺寸的影响**　片基的收缩率和含湿量制约着感光材料的几何尺寸。含湿量高的片基,在水分丢失后,收缩率就会提高,从而引起感光材料的几何尺寸(如胶片的片宽、尺孔孔距)发生变化,一方面,这会使影像比例失真,另一方面,很可能会在齿轮传输过程中使胶片尺孔和齿轮发生错位,或使胶片尺孔撕裂。

◎**其他辅助涂层对感光材料性能的影响**　在感光材料中,保护层、底层和背面层等对影像质量的影响也不容忽视。若无保护层,感光乳剂被划伤、产生摩擦灰雾是难以避免的。若胶片上有气泡或乳剂脱涂现象,往往和底层涂布不匀有关。背面层的作用前文已经谈及,这里不再赘述。

习 题

1. 黑白负片具有怎样的结构？每个涂层各有何作用？
2. 黑白正片、相纸与黑白负片的构造有何异同？
3. 彩色负片、反转片与黑白负片的构造有何异同？
4. 彩色正片、彩色相纸与彩色负片的构造有何异同？
5. 乳剂成分、片基及其他涂层对感光材料的性能有何影响？
6. 彩色负片乳剂中的带色成色剂起何作用？

Chengxiang yuanli

3 成像原理

□ 摄影是人类视觉功能的延伸，它和人类视觉有共同的基础，提供了人眼所不能及的大量信息。它不仅是一门新型的艺术，而且是现代社会应用于生产和科技工作中的重要工具。本章主要介绍感光材料是如何将影像记录下来的，它所记录的影像和人眼所见有何差异。有关人的视觉特性可参考本书第六章的相关内容。

常规成像过程各阶段的机理和作用

摄影是借助于特定的技术设备以及照明光源将获得的图像记录在感光材料上的，这个过程涉及到光学、光化学、化学等多个领域。而摄影捕获的影像之所以能为人类视觉所接受，使人感到摄影影像对客观景物的描述(摹写)是那么逼真可信，原因是感光材料的性能使其具有的记录影像影调和色调的能力和人眼在感受被摄体亮度和分辨色彩方面确有许多相似之处，才使人类视觉对摄影影像能够认同。

对于常规感光材料来说，一个完整的成像过程是从感光材料的生产开始的，分为乳剂制造、曝光和显影三个阶段。它们的作用方式和程度不同，共同目的却是一致的，即最终有效地在黑白感光材料上形成银影像，或在彩色感光材料上形成染料影像。

在感光乳剂制备的过程中形成感光中心

感光材料的制造，并不是简单地将现成的感光物质涂布在片基上就行了，感光材料的制造要经历乳剂制备、片基生产、乳剂涂布和裁切整理等过程。

其中，乳剂制备要经历一个极其复杂的物理、化学过程，它的基本作用是形成感光剂，即具有一定感光能力的卤化银晶体。

硝酸银($AgNO_3$)+卤化钠(NaX)→卤化银(AgX)

实际上，理想的卤化银晶体并不具有实用的感光性能，是复杂的乳剂制备过程完成了它的感光能力。首先是明胶的介入，其所含的微量元素使卤化银的感光能力有所提高；其次是物理成熟使小颗粒溶解、大颗粒成长；接下来，由于化学增感剂和光谱增感剂的加入，使卤化银的感光度得以提高，并使卤化银的感色范围得以扩大。这一系列措施最终在每个卤化银晶体上形成了"感光中心"，参见图3-1。

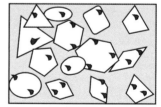

图3-1　具有感光中心的卤化银晶体

在曝光时，感光中心比较容易发生光化学反应。因此可以认为，乳剂制造给卤化银创造了在光化学反应中分解成银的条件。

在曝光过程中形成显影中心（潜影）

◎**曝光的作用**　曝光的作用是让受光照的卤化银晶体的感光中心得以扩大，以便在后续的显影过程中能显现出可见影像。因此，因曝光而得到扩大的感光中心就被称为"显影中心"。而对于整个画面来说，许许多多的显影中心就构成了"潜影"。因为潜影是肉眼看不见的，也就是"潜在的影像"，故被称为"潜影"。

◎**作用机理**　在曝光的一瞬间，照射到卤化银晶体上的光子激发出一些电子，这些电子会被感光中心吸收，并带上负电，因而将卤化银晶体中的一些带正电荷的银离子吸引，发生下列化学反应：

银离子(Ag^+)+电子(e)→银原子(Ag)

◎**显影中心的作用**　虽然曝光时产生的银原子为数很少，但正是这些微量的银原子（4个以上）在显影时能起到催化剂的作用，使曝光的卤化银晶体很快被显影，形成可见影像；而未曝光的卤化银晶体，由于没有形成显影中心，在正常显影条件下不被还原。

因此，不能小视曝光这个环节，尽管产生的银数量很少，但曝光过程所起的作用却是很大的。同时，摄影师的艺术构思主要靠这个环节来实现。试想，如果未经过曝光，冲洗后的胶片上会有什么呢？

冲洗的作用——可见影像的形成

曾有一些操作不当者和好奇者，将曝光后未经冲洗的胶卷从暗盒中拉出来，但是谁也没能直接用肉眼看到被摄景物的影像，这足以说明拍摄曝光之后的冲洗是多么必要。

冲洗过程一般需要有显影、定影等工序，在整个冲洗工序中，显影是最重要的。其作用是在曝光所产生的银（显影中心）的基础上，予以扩大，使整个卤化银晶体全部变成黑色的金属银。从产生银的数量上说，显影所产生的银比曝光产生的银要多几百万到几亿倍。卤化银体系是一个放大倍率极高的光信息传递与记录体系，它可以把由光对卤化银所产生的化学效应扩大 10^8 倍，甚至更高。影像的形成过程参见图 3-2。

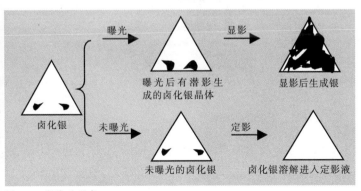

图3-2　影像的形成

作为摄影师,为了得到很高的影像质量,不仅要注重在胶片上进行的艺术创作,还必须关注显影加工过程对影像质量的影响。忽略或根本不理会影像后期加工的作用,是得不到高质量作品的。

由此可知,一幅影像的产生,是胶片的生产、拍摄曝光和冲洗加工的综合结果。即使是感光材料性能的标定,也是以指定的显影加工条件为前提的。同一感光材料在不同的加工条件下表现的性能是不同的。这就是卤化银感光体系的特点。如果把胶片比作土壤,摄影曝光就相当于播种,洗印加工则相当于耕耘,摄影作品则是秋天的硕果,其中每个环节缺一不可。

黑白影像的成像原理

黑白影像的成像原理

◎**黑白负片和正片(照片)的成像原理**　黑白负像的形成需要经过拍摄曝光、负片显影、定影等过程。拍摄曝光后,在感光乳剂层中形成了显影中心,景物中亮的部位在胶片上产生的显影中心大,显影后的银密度就高;而暗的部位产生的显影中心小,显影后出现的银也就少,所以,底片上得到的影像和原景物相比,是明暗相反的,因此被称为负像。

黑白负片上的影像的形成过程,参见图3-3。

黑白正片和相纸上的影像形成,和负像的成像过程一样,只不过正片和相纸的被摄体是底片上的负像而已。

将负像曝光印制到正片或相纸上时,底片上密度低的部位(对应于景物的暗部)透过的光多,经显影、定影后,照片上的影像密度高,底片上密度高的部位(对应于景物的亮部)透过的光少,经显影、定影后,照片上的影

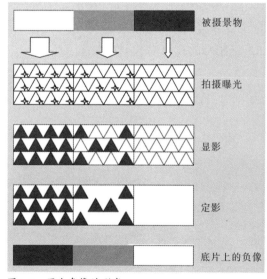

图3-3　黑白负像的形成

像密度低。相对于底片上的负像来说,又做了一次明暗颠倒,于是得到了正像画面,参见图3-4、图3-5。

◎**黑白反转片的成像原理**　黑白反转片的成像过程与黑白负片不同。在拍摄曝光后,进行首次显影,得到一个黑白负像;然后进行漂白,将组成负像的银氧化去除;再进行二次曝光,使胶片上剩余的卤化银全部曝光;对其进行二次显影、定影,得到的是正像画面,见图3-6。

图3-4 负像和正像

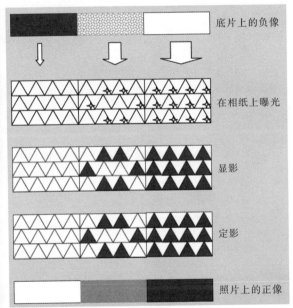

图3-5 黑白正像的形成

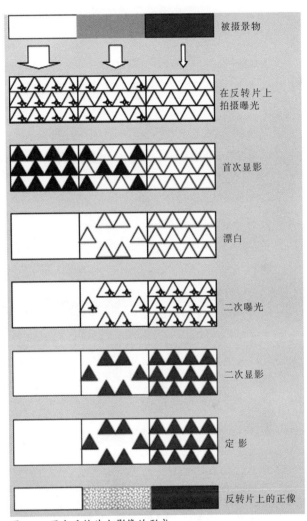

图3-6 黑白反转片上影像的形成

成像过程中的影调传递

在成像过程中,我们常将在影像中景物细部的亮度对比称为影调,成像的全过程被称为影调再现(亦称摹写)的过程。

影调丰富与否,常常作为评价摄影作品质量优劣的重要标准之一。不仅黑白照片如此,彩色照片也不例外。优秀作品和劣质作品的差异,关键在于摄影师对影响影调再现的各环节的理解和控制能力。

人们所看到的照片上的影像,并不完全是原景物的真实再现,这是因为摄影所用的材料、设备及方法和人眼不同。有多种因素对影调的再现产生影响,如景物的亮度范围、镜头的成像质量、胶片和相纸的性能、冲洗方式,以及这些因素综合在一起所产生的影响,等等。让影调传递中的各种影响因素处于摄影者的把握之中,就会使摄影创作变得自如起来。

◎**影调传递的环节(以负—正过程为例)** 下面以一个典型景物的成像过程为例,说明影调的传递过程,参见图3-7A。

从图中可以看出,由景物到最终影像的不同阶段,影调发生着不同的变化,镜头、胶片、相纸等都对其产生影响。

●**由景物经过镜头成像** 典型的被摄对象——户外景物,其亮度范围为160:1,其中高亮度是指景物中的漫射高光,低亮度是指再现出的影调仅比黑稍亮一点的暗部。若用对数值表示亮度范围(亦称亮度间距)为1g160/1,约为2.2,若用镜头的光圈系数表示,约有7.3级光圈之差。

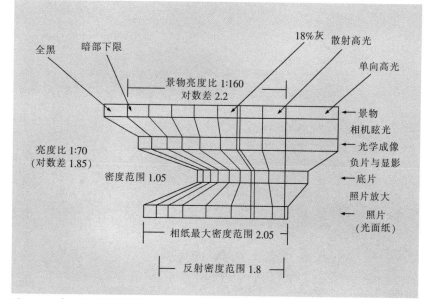

图3-7A 负正过程的影调传递

典型的景物亮度范围经过典型的光学镜头成像,其光学影像的亮度范围大约为70:1,亮度间距为1.85,影调被压缩。

●**由光学影像到底片影像** 由光学影像到底片影像,光学影像的亮度范围转变成了底片的密度范围,即画面中最高密度与最低有效密度之差。受负片性能及显影条件的制约,依所用负片和冲洗条件不同而有所不同,密度差一般在0.80~1.25之间。为了便于说明问题,取1.05作为中间值。

从图中可见,亮度间距从1.85降至1.05,这意味着影调被大大压缩了。

●**由底片的负像到照片的正像**　依据相纸的反差级号和表面光泽度不同,照片的反射密度大约为1.5~2.05,为了便于分析,取 1.8 作为中间值。

从底片的负像到照片的正像,密度值由 1.05 上升到了 1.8,影调被夸张了。

若将底片用于印制透明正片,则密度范围从 1.05 变为 3.0,影调则被大大夸张了。

◎**成像过程中各环节对影调的影响**　成像过程的每一个具体环节对同一画面中的不同影调,如亮调、暗调及中间调的压缩和夸张程度并不是均匀一致的,而是有着很大的差异。

●**景物亮度的影响**　为了便于说明问题,人们将典型的景物亮度范围划分成三个区段,即高亮度区:包括单向高光部分,如进入画面的强光源,或直射光照明下物体的表面反射光,一般在画面中占的面积很小;此外还包括漫射高光部分,如漫射光照明下的高反光率景物,在正常的正像画面中应再现为亮调部分。低亮度区:即阴影部分,包括人眼刚刚能分辨出层次的暗部,在正像画面中再现为暗调。中间亮度部分:介于高亮度区和低亮度区之间的亮度范围,在正像画面中应再现为中间影调。

三个区段之间常常并无明显的转折点。景物的亮度范围与景物本身的反光率有关,也和照明条件有关。如果将在阳光下视为高亮度的景物放在阴影下,影调再现的效果就会大不相同。

●**相机眩光的影响**　胶片记录的景物影像来自相机镜头,当光线经过镜头的表面、边框及相机内部时,会发生漫射,形成非成像光——眩光。眩光在胶片的不同区域产生不同的影响。对于高光部分,眩光的量所占比例很小,可以忽略不计,但对于低亮度部分,由眩光产生的亮度大大超过了暗部原有的亮度,使暗部的亮度明显提高。并且,景物原有亮度越低,眩光的影响越大;景物中高亮度景物所占的面积越大,眩光对暗部的影响也越大。因此,在经过相机镜头的成像阶段,暗部的亮度间距受到的压缩比较大,致使整个影像的亮度间距也随之减小。

●**负片感光特性的影响**　从负片的特性曲线看,由于负片是低反差的,所以光学影像的亮度间距在这个阶段要受到压缩,由于景物的暗部处于特性曲线的趾部,与直线部分相比较,被压缩的程度就更大。

曝光和显影条件对影调再现也有影响:若曝光不足,不仅暗部,还有中间影调的一部分也会受到极大的压缩,压缩程度要大于亮调部分,而且会有一部分暗部层次损失掉;曝光过度时,暗部影调再现于直线部分,其压缩程度与中间影调部分相同,但亮部则有一部分层次有可能损失。显影增强,虽然有利于暗部影调的再现,但这样做会使影调显得很硬,亮部层次减少;显影不足时,不仅暗部层次受损,其他部分的影调被压缩的程度也加大。

●**相纸或正片特性的影响**　与负片配套的相纸或正片,其感光特性曲线很陡,对于同一亮度间距,相应的密度间距较负片要大得多。而且相纸曝光时,几乎整个曲线的每一部分都要用上。

常规相纸或正片特性曲线的直线部分对中间影调是夸张的，但由于景物的高光部分是再现于曲线趾部，景物的暗部是再现于曲线肩部，这两部分对影调都是压缩的，尤其是趾部。而景物高光部分不仅受曲线趾部的影响，加之印片或放大时由镜头和景物(底片亮部)造成的眩光，其受到的压缩程度会更大些。

◎**成像过程的不同亮度景物的影调再现情况分析**　从负—正过程典型的影调再现情况可以归纳出以下规律：

1. 撇开中间环节，从景物到照片上的正像，整体来说，影调是被压缩的，参见图3-7B。

2. 中间亮度的影调在成像过程的各个环节基本上都是以相同比例压缩和夸张的，而最终影像的影调与原景物相比略有夸张。

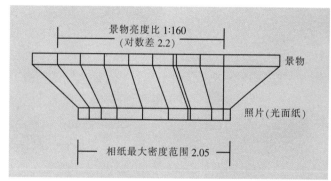

3. 由于在拍摄阶段受到相机眩光和负片暗部特性的双重影响，暗部影调受到严重压缩，再现到相纸上的影调和原景物相比是受压缩的。

图3-7B　负正过程的影调传递

4. 亮部影调主要是在印制透明正片或放大照片时受相纸特性曲线趾部形状的影响而受到压缩，加之放大机镜头眩光特性的影响，使其中的单向高光部位受到更大程度的压缩。

◎**不同摄影过程影调再现的比较**　上述负—正过程对影调再现的影响，若采用反转过程或选用不同的感光材料，影调再现情况则不尽相同。图3-8为反转过程的影调传递情况。

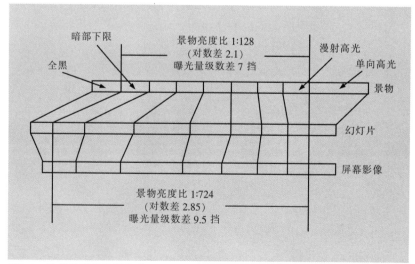

图3-8　反转过程的影调传递

从图中可以看出,经过反转过程,从景物到透明正片上的正像,影调是被夸张的。

当然,透明正片的观看条件与照片不同,需要在暗环境中用投影的方式再现于银幕上,因此,将透明正片的投影环节考虑进去的话,透明正片最终投影影像的影调还要在现有水平上略有压缩。

和负—正过程相比,用反转过程得到的正像密度范围较大,对暗部的压缩程度稍比负—正过程小些,而且,对高光部分的压缩程度明显小于负—正过程,对中间影调的夸张程度远大于负—正过程,因此,影调显得很明朗。

摄影者可以根据个人的喜好和所要表现的内容,选择不同的摄影过程进行创作,尽可能达到最佳的影调再现效果。

彩色影像的成像原理

在彩色感光材料的发展史上,有过多种实现色彩的方法,参见本书第一章中的相关内容。

目前所用的常规彩色感光材料,其影像中五彩缤纷的色彩只不过是由黄、品红、青三种染料构成的。

彩色负片和正片的成像原理

彩色负片经过拍摄曝光,三个乳剂层分别感受蓝、绿、红光,形成潜影;在彩色显影时, 各层分别生成由银组成的影像和相应的黄、品、青染料影像;经过漂白,将黑色的银氧化成卤化银;再经过定影, 去掉未曝光的卤化银,留下染料;使得曝光时,胶片上的影像不再发生变化,参见图3-9。

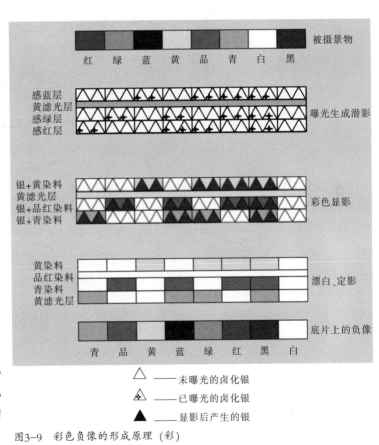

图3-9 彩色负像的形成原理（彩）

彩色正像的成像原理和负像的成像原理相同，只是被摄景物是底片上的负像。

彩色反转片的成像原理

在彩色反转片上得到的正像画面要经过拍摄曝光、首次黑白显影、反转或二次曝光、彩色显影、漂白、定影等工序形成，参见图3-10。

拍摄之后的首次显影是黑白显影，产生的是银影像，而非彩色影像；对反转或二次曝光后得到的正像的潜影进行的是彩色显影，产生银影像和染料影像。漂白时，将胶片上所有的银氧化，定影后，留下的就是彩色正像了。

彩色红外片的成像原理

彩色红外片有负片和反转片两种，其成像方式和普通彩色负片及彩色反转片相同，只是三层乳剂分别感受的是近红外光、绿光、红光，相应生成的彩色染料为青色、黄色、品红色，所以成色的结果不同

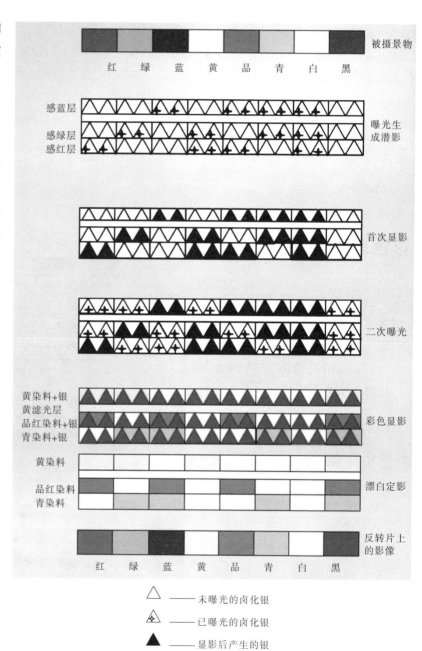

图3-10 彩色反转片的成像原理(彩)

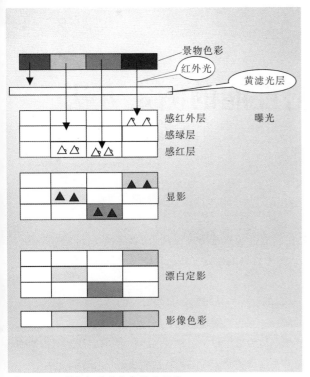

图3-11A 彩色红外片上负像的形成

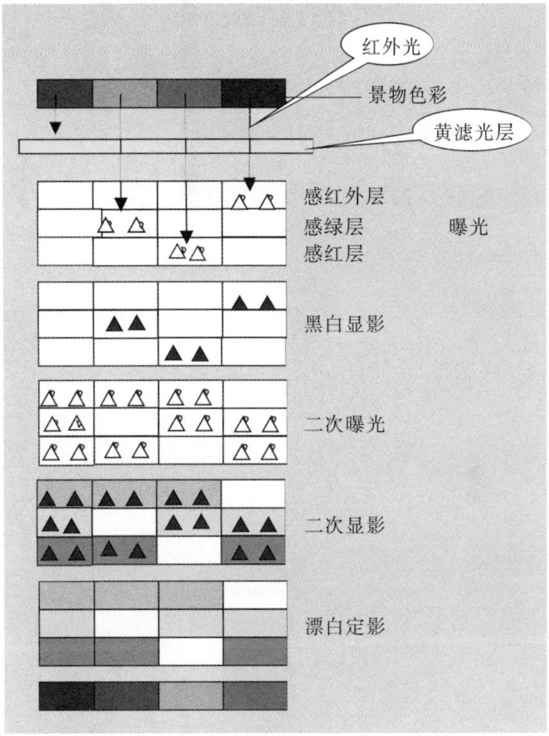

图3-11B 彩色红外反转片上正像的形成

于普通彩色负片和彩色反转片,参见图 3-11A 和图 3-11B。

习 题

1. 乳剂制备、拍摄曝光、显影等环节在影像形成过程中起什么作用?

2. 黑白、彩色影像是如何形成的(包括负—正过程、反转过程)?

3. 在成像过程中,各个环节对影调有何影响?

37

4 感光材料性能的测定方法

□ 作为记录媒介，感光材料的性能直接影响所记录的影像的质量。因此，摄影者只有掌握了感光材料的性能，才能对影像质量进行有效控制。

□ 为了能准确掌握感光材料的性能，从事影像科学研究的科学家们对这个问题进行了多年的研究，现在，对于感光材料性能定量化的客观测试和评价已经不是梦想。因为摄影科学工作者已经找到了研究摄影过程的钥匙——曝光量和密度的关系，而感光特性曲线就是对这种关系的集中反映。

□ 在对感光材料的性能进行研究的过程中，感光特性曲线成了摄影的基本技术语言，并且为建立摄影科学奠定了基础。

感光特性曲线

测定感光材料的感光特性的必要性

当感光材料处于"湿版摄影"阶段时,受当时感光乳剂制备技术的限制,无论何人制作,得到的用于照相的感光材料,其感光度基本是一致的。但是,从 19 世纪末开始,随着"干版法"的发展,感光胶片的感光度大幅度提高,致使不同生产厂家的照相干版感光度的差异越来越大,也使摄影者感到无所适从。他们迫切需要找到测量感光度的方法,以减少感光材料不必要的浪费,也避免错过转瞬即逝的拍摄机会。而且,随着感光材料品种的增加以及人们对影像质量的要求日益提高,摄影者对感光材料的性能需要更多的了解。

曝光量和密度的关系——感光特性曲线

由于感光材料的特殊性,人们在感光材料发明后的 50 年左右才对感光材料性能有了初步的认识和了解。

1887 年,阿布尼(W.de W.Abney)研究了曝光量增加导致明胶照相干版透明度降低的现象,得到了一条曲线,参见图 4-1。

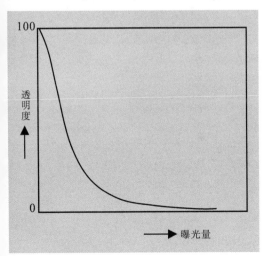

图 4-1　曝光量与透明度

从图中可以看出,在没有曝光的部位,干版的透明度接近 1,100%的光被透射;曝光量增加时,银的沉积量增加,透明度下降。但由于银是沉积在乳剂中的,不可能用称重的方法或计量体积的方法来计算银的量。这是研究卤化银感光材料感光性能中遇到的一个难题。

赫特(F.Hurter)和德律菲尔德(V.C.Driffield)用了 10 年左右的时间研究曝光量和银之间的关系,发表了一篇《光化学研究》的论文,首次发现了曝光量和显影后组成影像的银密度之间所具有的相关性,虽然不同曝光量和相应的影像密度之间并不能简单地用一个数学关系式来直接表示,但是对特定曝光量所产生的银量,可以采用光学计量手段,以计量出的感光材料阻光程度来表示其对光的感受能力。

◎**曝光量(H)** 曝光量(H)是指感光材料在曝光时所接受的照度(E)和时间(t)的乘积,即:

H=E×t

照度单位为勒克司(lx),指的是发光强度为1烛光的光源垂直照射在距光源1米的表面上所产生的照度。时间以秒(sec)为单位。曝光量的单位则为勒克司·秒。

从公式中可以看出:照度增强或曝光时间延长,都会使曝光量增加;反之,曝光量降低。

在一定范围中,照度和时间存在互易特性,即当照度增加,曝光时间缩短,或照度降低,曝光时间延长时,只要两者的乘积不变,曝光量就不变。并且在经过正常冲洗的感光材料上,沉积的银也一样多。

◎**密 度(D)** 密度的概念是建立在胶片所沉积的银量和透过的光量之间所具有的关系上的。

●**沉积银量与透光率** 在曝光冲洗后,感光材料上产生的黑色银对入射光起到了阻挡作用,使得透射光率降低,如图4-2所示。

透光率定义为:透光率=透射光量/入射光量,即:T=F/F₀

以入射光量为100计,示意图中各个部位所透射的光量是不同的。假设黑色块透过的光量为0.1,深灰色块透过的光量为1,浅灰色块透过的光量为10,透明块透过的光量为100,则如表4-1所示。

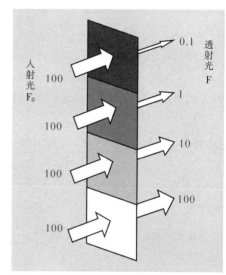

图4-2 沉积银的量与透光率

表 4-1

	透明块	浅灰色块	深灰色块	黑色块
透光率	100/100=1	10/100=0.1	1/100=0.01	1/1000=0.001

从表中可以看出:银的沉积量从少到多,其透光率从大到小,即银的沉积量和透光率成反比。这种反比关系使用起来不够方便。

●**沉积银量和阻光率** 为了找到能和银的沉积量成正比的关系,人们便把透光率取倒数,变换成了阻光率,用公式表示为:阻光率=入射光量/透射光量,即:O=F₀/F,参见表4-2。

40

表4-2

	透明块	浅灰色块	深灰色块	黑色块
阻光率	100/100=1	100/10=10	100/1=100	100/0.1=1000

从表中可以看出:银的沉积量多,阻光率高;银的沉积量少,阻光率低。即银的沉积量和阻光率成正比。但从表中也可以看出,不同曝光量造成的感光材料的阻光率数值从1到1000,相差很大。作图时,会给设置坐标单位造成麻烦,例如,以1为1个单位,则坐标需要有1000个单位之长。若以100为单位,又不便将1和10等比较小的数值准确地表示出来。

●**沉积银量和密度** 为了能比较方便地设置坐标单位,人们将阻光率取对数,从而大大缩短了1000和1在坐标上的距离,如表4-3所示。并将阻光率的对数定义为密度,即密度=阻光率的对数,$D=\lg O$。

表4-3

	透明块	浅灰色块	深灰色块	黑色块
密 度	lg1=0	lg10=1	lg100=2	lg1000=3

◎**感光特性曲线** 在研究感光特性的过程中,人们用不同的曝光量得到了相应的不同影像密度,从那时起,由曝光量的对数作横坐标,以显影后的影像密度作纵坐标得到的曲线图,被称为曝光量(H)—密度(D)曲线,也称为感光特性曲线,用来客观测定和评价感光材料的感光性能,一直沿用至今。图4-3是一条黑白负片的感光特性曲线。

曲线上,a~b段为趾部,b~c段为直线部,c~d段为肩部。

可以看出,在趾部,随着曝光量增加,密度的增长比较缓慢;在直线部,增加曝光量,密度按一定比例增加;而肩部的密度变化渐渐减小。

从感光特性曲线上反映出的曝光量和密度之间的关系,奠定了感光测定的基础,使摄影影像的控制走向科学化和定量化。

随着对摄影科学的不断探索,摄影者对运用感光测定方法来控制摄影和加工的各个环节表现

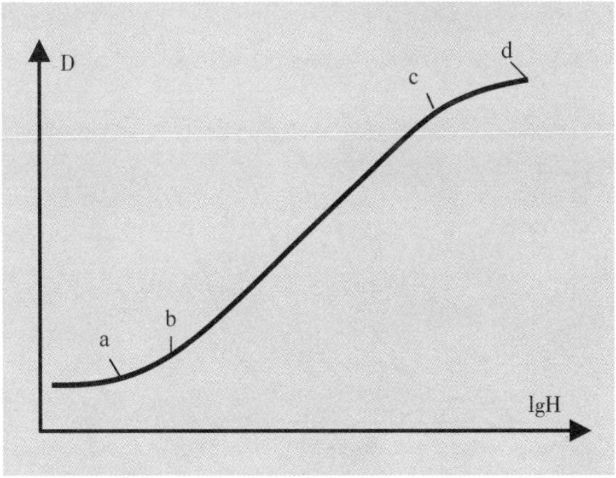

图4-3 黑白负片的感光特性曲线

出越来越浓厚的兴趣,并将感光测定方法从黑白摄影扩展到了彩色摄影的应用领域。

感光特性曲线的意义

从感光特性曲线上,人们可以直观地得到密度随曝光量变化的信息。

◎**不同感光性能的感光材料在各自正常的冲洗条件下得到的特性曲线不同** 例如:图4-4显示了典型的黑白负片、反转片和正片的感光特性曲线。图4-5是黑白相纸的感光特性曲线。

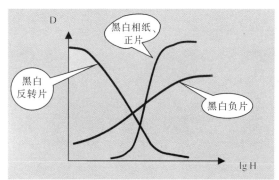
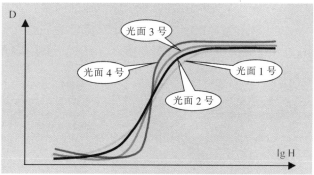

图4-4 典型的黑白负片、反转片和正片的感光特性曲线 图4-5 黑白相纸的感光特性曲线

图4-6为典型的彩色负片的感光特性曲线。图4-7为典型的彩色相纸的感光特性曲线。图4-8为典型的彩色反转片的感光特性曲线。

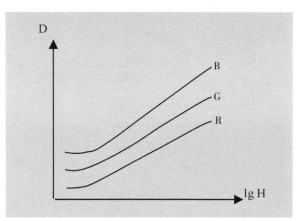
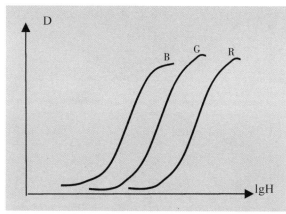

图4-6 彩色负片的感光特性曲线

图4-7 彩色相纸的感光特性曲线

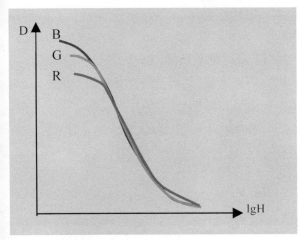

图4-8　彩色反转片的感光特性曲线

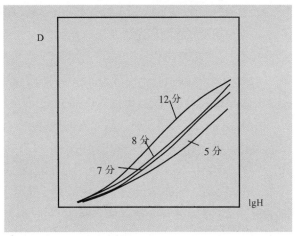

图4-9　不同显影时间下得到的黑白负片的感光特性曲线

◎**相同片种的胶片在不同显影条件下会得到不同形状的曲线**　黑白负片在不同显影条件下的感光特性曲线不同,图4-9显示的是KODAK EKTAPAN Film以不同时间显影的结果。

感光性能的测定方法

感光材料的性能测定,需要借助于一些仪器设备,并经过严格规范的操作工序得到所需的数据。规范的工序有以下几个步骤。

曝　光

感光胶片的曝光一般在专门设计的仪器——感光仪中进行。感光仪的结构示意图参见图4-10。

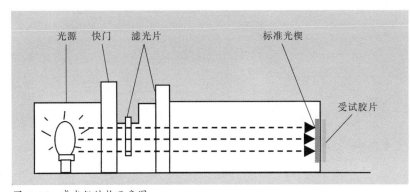

图4-10　感光仪结构示意图

胶片在感光仪中的曝光条件是得到严格控制的。

◎**光源的发光强度和光谱成分** 光源的发光强度由稳压电源等控制。滤光系统使光源的光谱成分得到控制,尽量接近摄影光源的光谱成分。感光测定所用光源的色温只有 2859K,为使色温达到日光的色温 5500K 或灯光的色温 3200K,需要加不同深浅的蓝色滤光片,使之与感光材料的平衡色温(如 5500K 或 3200K)相一致。彩色片的感光测定所用的光源比黑白片要求更严格。

◎**快 门** 测定时必须控制曝光时间,曝光时间应和拍摄曝光的时间相近。

◎**特定景物** 由于观察者在评价感光材料的色彩时,对消色物体的色偏差是比较敏感的,因此,用于彩色感光测定的标准光楔的色调是消色的,一般用石墨或银制作。为了找到曝光量和冲洗后影像密度之间的关系,相邻两级之间的密度差是固定的(为 0.15 或 0.1)和准确已知的,以便给出一系列不同的曝光量。最深的部位透过的光最少,在胶片上曝光量小;最浅的部位透过的光最多,在胶片上曝光量大。由整体的密度差所造成感光材料接受的照度差别,一般要覆盖或远远大于实际拍摄时所遇到的景物亮度范围,亮暗之差可在 1000 倍以上,参见图 4-11。曝光时,待测胶片和标准光楔紧密接触,采用接触印片的曝光方式。以上规定,确保了曝光的准确和可重复性。

图 4-11 标准光楔

在不具备感光仪的情况下, 可以用一系列灰片代替标准光楔,用照相机或摄影机对灰片进行拍摄,以获得一系列不同的曝光量。

冲 洗

已曝光的彩色感光材料经过冲洗后, 方可得到一条与所接受的一系列曝光量——对应的不同密度的密度片——光楔。为了得到准确的测试数据,显影条件要像曝光条件一样严格控制。显影液的成分、温度、时间和搅动方式必须保持恒定,可重复性好。

如果是用于鉴定、验收感光材料,其显影条件应根据感光材料生产厂家的推荐显影配方和显影方式来显影,否则应按照实际生产条件来控制显影,以获得在实际使用条件下有价值的感光测定数据。

计量密度

用密度计计量胶片上不同曝光部位的密度值，实际上检测的是投射到胶片上的光和透射过胶片的光的比值。测量密度有两种方法：如果透射光接受器接受的是所有的透射光(如图 4–12A 所示)，则测量的密度为漫射密度(Total Diffuse Density)。这种测量方式模拟的是底片和正片或相纸接触印制的方式。如果透射光接受器接受的仅仅是垂直于底片的透射光(如图 4–12B 所示)，则测量的密度为单向密度(Specular Density)。这种测量方式模拟的是底片通过光学放大装置印制到正片或相纸上的方式。

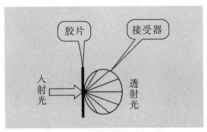

图 4–12A　漫射密度测定示意图

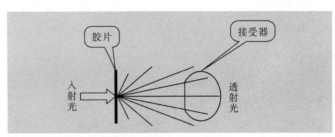

图 4–12B　单向密度测定示意图

当胶片乳剂中某部位聚集的银或染料很多时，投射到胶片上的光就会受到阻挡，因而透光率就会较低，反之，若胶片上聚集的银或染料很少时，胶片的透光率就会比较高。对于同一个部位，一般单向密度高于漫射密度。

对于标准光楔在胶片上形成的影像，在计量密度后，可以得到由不同曝光量所对应的密度值。

绘制曲线

将密度值和相应曝光量的参数一一对应，以曝光量对数为横坐标，以密度值为纵坐标，用描点的方式画图，可以得到一条平滑曲线，被称为感光特性曲线，如图 4–3 至图 4–9 所示。

从特性曲线上求性能

从感光特性曲线上可以得到有关感光材料性能的重要信息。这些信息不仅可以反映感光材料自身的性能，如反差系数、感光度和宽容度等，也可以反映冲洗控制的情况，为拍摄者提供曝光的依据。具体内容参见本书第五章。

感光测定方法的用途

由于感光测定方法具有可重复性,得到的数据准确可靠,因而具有一定的"权威性"。

当初,感光测定仅仅以测定感光度为目的,后来扩展到了更大的范围。通过感光特性曲线的形状和位置,以及相关的数据计算,可以定量得到感光胶片的各种性能指标。利用这些数据,可以对感光材料质量的优劣做出评价,检测感光材料的性能合格与否,作为选购、使用和生产感光材料的依据;还可以通过感光材料特性曲线和相应的数据,检查和控制冲洗、曝光程度,预测影像的影调。

感光材料性能的检测

在选购、验收感光材料时,虽然在其外包装上都已注明了感光材料出厂时的性能指标,但考虑到感光材料在运输、保存条件中有多种不确定因素,会对感光材料的照相性能产生不同程度的影响,因此,对所购感光材料的性能指标应进行测试。

借助于感光测定方法,检测感光材料的照相性能,用实际测定的照相性能数据和标称数据进行比较,可使使用者对所用感光材料的感光性能做到心中有数。如果感光材料的实测照相性能指标和标称数据很吻合,说明这一批次的感光材料是合格的。如果实测数据和标称数据有明显的差别,如灰雾密度上升或反差系数和感光度下降,说明这种感光材料产生的影像效果难以令人满意。

例如,图 4-13 中的 A 和 B 是两种彩色正片的感光特性曲线,B 胶片的感蓝层曲线和 A 相比, 在密度不大时就弯曲了,说明感蓝层的最高密度不够高,因此在正像影像的暗部会偏冷色,而这种偏色是无法校正的。

另外, 感光测定方法也常常用于检验感光材料在现有冲洗条件下的性能。

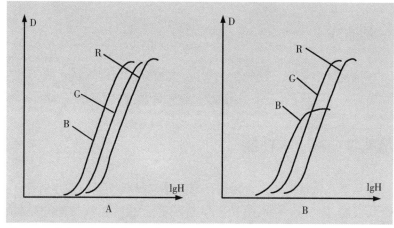

图 4-13　彩色正片感光特性曲线

为摄影者确定所摄景物的亮度间距及曝光量提供依据

感光特性曲线不仅仅是用于研究所、实验室里的一种测试手段,在拍摄实践中,它可以为摄影者确定布光的亮度间距和曝光量提供依据。

具体操作过程:

1. 通过感光测定,得到所用胶片的感光特性曲线。

2. 用该胶片进行实际拍摄,在被摄景物中包含一些特定景物,如反光率为18%的灰板。可用不同的曝光组合进行拍摄,正常冲洗。对冲洗后的画面进行密度测量,得到拍摄曝光量和灰板密度的相应数据。

3. 在特性曲线表上找到灰板的相应位置,确定所用曝光量在特性曲线上的位置(具体方法可参阅本章第四节内容)。

在以后的拍摄中,可以根据所摄景物的亮度以及它和18%的灰板亮度的相互关系,确定其在感光特性曲线上的位置,判断其能否按要求记录在胶片上,使摄影者在拍摄之初即可对所摄影像的效果心中有数。

例如,图4-14所示的画面是用 Kodak gold100 负片所摄。

为了便于说明问题,这里只取感绿层来分析。

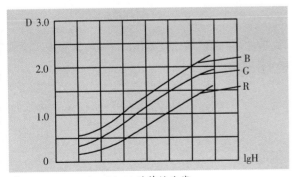

图 4-15A 是 Kodak gold100 负片通过感光测定得到的特性曲线。

按本章第四节所述,拍摄的反光率为18%的灰板,在正常曝光的底片上,其密度约为 $D_{0绿}+0.7$,在此次实验中,$D_{0绿}+0.7≈1.3$。在横坐标上所对应的曝光量定为 N 点(f/8),参见图4-15B。

图 4-14 影像与景物的亮度范围(彩)

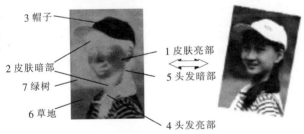

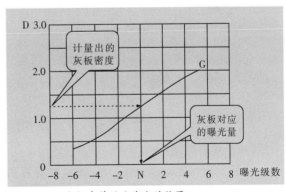

图 4-15A Kodak gold100 的特性曲线

图 4-15B 灰板在特性曲线上的位置

用点测光表测量景物中各个点的亮度,见表4-4。

根据各个点的亮度与灰板亮度的差别,在感光特性曲线上找到各自的位置,参见图4-15C。

景物中最亮部为白帽子,最暗的部位为头发的暗部,暗和亮之间的亮度范围为6级光圈。除了这两端以外,其他景物亮度都在6级光圈的范围之间,在正常曝光、正常显影的条件下,其层次可以得到很好地再现。

表4-4

	景物	曝光条件
	灰板	N
1	皮肤亮部	N (f/8.1, 1/125 秒)
2	皮肤暗部	−1
3	帽子	+3
4	头发亮部	−2.5
5	头发暗部	−3
6	草地	+0.5
7	绿树	−2

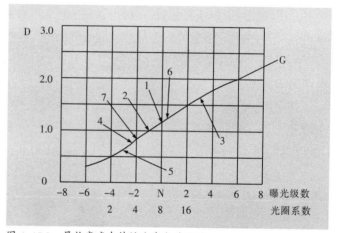

图4-15C 景物亮度在特性曲线上的位置

对常规冲洗尤其是显影程度(反差系数)进行监测、调控

在感光材料的冲洗过程中,冲洗药液的成分总是在不断地消耗。不论是手工冲洗普通摄影胶卷,还是机器连续冲洗电影胶片,都需要不断地用新鲜药液置换出一部分旧药液,以保证前后冲洗的胶片质量稳定。为此,需要经常检测药液成分,特别是显影液成分,以确定是否需要补充新鲜药液以及补充量的大小。利用感光测定方法来实施这种检测是一种很有效的保障手段。

具体方法如下:

将感光材料在感光仪上曝光,得到若干条曝光的光楔。如果有感光材料生产厂家提供类似的试条,这一步可以跳过。

在规定的时间段(如每天或每周),按现有的冲洗条件冲洗一条光楔或使用厂家提供的试条。

用密度计测量光楔或试条的密度。

和厂家提供的标准数据进行比较,如果数据相近,说明冲洗条件正常;如果数据有偏差,应根据厂家提供的参考资料分析原因,找出解决的办法。在确认冲洗条件正常后,再正式冲洗胶片。

如果没有密度计,也可以用厂家提供的标准试条和实测试条进行比较。也可将测试片寄回厂家,由厂家进行分析,提出指导意见。

这种方法既用于常规冲洗条件的检测、监控,保证冲洗条件的稳定,也用于对影像质量问题的判定。例如在冲洗店里,常常有顾客为整卷底片密度低、正像画面缺乏层次、色彩灰暗而向冲洗店提出质疑,这时,光楔或试条的反差和密度数据,可用来对此做出正确判断。若光楔或试条的反差和密度都偏低,说明冲洗条件有问题,造成了显影不足;若光楔或试条的反差和密度都正常,说明冲洗条件正常,而底片密度低应该是曝光不足引起的。

由感光测定方法确定显影时间和反差系数的关系

在黑白胶片(包括负片和反转片)的冲洗过程中,为了得到要求的影像反差,必须确定在特定显影液、特定温度、特定搅动条件下的正确的显影时间。由于影响显影程度的因素很多,有的胶片说明书上只给出一个时间范围,正确的显影时间需要操作者自己在一定范围中摸索,多少有些盲目。利用感光测定方法,可以科学准确地确定达到所需反差系数时的正确显影时间。

具体方法如下(以黑白负片为例):

1. 曝光。取所用负片4段在感光仪上曝光。

2. 冲洗。以说明书推荐的显影时间范围为参考,用几个不同的时间(单位为分钟)分别显影4段光楔,如5分、6.5分、8分和9.5分。

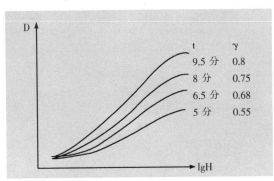

图4-16　不同显影时间显影对应的特性曲线

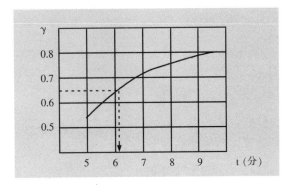

图4-17　γ-t曲线

3. 测量密度。分别计量4段光楔的密度值。

4. 画曲线。将4条感光特性曲线画在同一张坐标纸上。

5. 求出各自的反差系数。如图4-16中的数值t和γ。

6. γ-t曲线。以时间t为横坐标，以反差系数γ为纵坐标，画出如图4-17所示的曲线，称为γ-t曲线。

7. 确定正确的显影时间。在纵坐标上找到特定的γ值(如0.65)，画一条平行线，与曲线相交，从相交点向下作一条垂线，与横坐标相交处显示的就是正确的显影时间(如图4-17中的6.2分)。

用于分析研究摄影过程影调的再现

下图是一张典型的负—正过程影调再现示意图。具体方法是：

1. 首先通过感光测定得到负片和正片的感光特性曲线。

2. 根据负片和正片光楔中各个点的对应关系，将两条曲线并列在图4-18所示的第4象限和第3象限。可以看出从亮部到暗部各个点在负片上的位置，以及被传递到正片上所处的位置。

3. 通过第2象限的一条45°角的直线，使从负片各点引出经过正片相应点的垂直线，在与直线的交点上转变成平行线，并与来自负片各点的垂直线在第1象限中相交。

4. 将各个交点相连成曲线，就是最终的影调再现曲线。

通过影调再现曲线，可以预测影像效果，可以根据需要调控景物的亮度范围、显影程度，并可以寻找负片和正片的不同搭配。

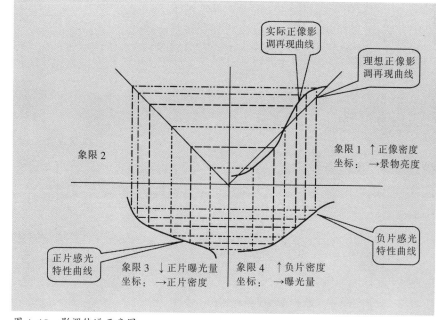

图4-18　影调传递示意图

感光材料性能的实拍测试

　　由于每位摄影者所用的摄影器材的性能和测光、曝光方法不尽相同,即使性能完全相同的胶片,经不同摄影者之手,产生的效果也不相同。为了能拍摄出令人满意的作品,在正式拍摄之前,应该把所用的摄影器材(包括照相机、镜头、滤光镜、测光表等)和胶片作为一个整体系统,进行实拍测试,从底片和相应的照片上找出技术质量最好的画面,并以它的拍摄条件作为以后拍摄的一个基准。下面以负片的拍摄和照片的放大为例,说明测试方法。

测试方法

　　◎**拍摄对象**　中、近景人物,画面中要带灰板(含反光率为 18% 的灰板),如果测试的是彩色胶片,还应带色板。

　　◎**测光和拍摄**　用测光表计量反光率为 18% 灰板的亮度值, 按胶片片盒上推荐的感光度确定正确的曝光组合。以正确的曝光组合为基准拍摄 1 幅,再分别以 1/3 或 1/2 挡光圈之差递增、递减各拍摄 3 幅。

　　◎**冲　洗**　按正常冲洗工艺冲洗负片。

　　◎**印放照片**　放大照片或印正片,使每一幅画面中的灰板都尽量达到正常且一致的密度。

结果评价

　　在摄影实践中,反光率为 18% 的灰板起着十分重要的作用,它代表的是中等亮度的景物,是专供摄影者进行测光、曝光用的,并且其影像可供测量密度值用。由于 18% 灰板代表了中性反射物体,其影像在彩色胶片上的再现正常与否, 可用于检测感光材料、摄影器材的性能,也可用于调控彩色影像的色彩再现质量。

　　◎**根据底片上灰板的密度值判断负片的感光度**　计量每幅画面中灰板的密度以及灰雾密度,用其数值和表 4-5 的标准值进行比较。

表 4-5

	18% 灰板的标准密度
黑白负片	$D_0 + 0.1 + 0.80$※
彩色负片	D_0 红 + 0.65
	D_0 绿 + 0.7
	D_0 蓝 + 0.7

※ 允许在 0.75~0.85 的范围内。

之所以确定 $D_0+0.1+0.80$ 为黑白负片的标准密度，是因为在显影程度控制在 γ 为 0.65 左右时，这一点代表的是人脸密度所在的位置。找出灰板密度数据符合或接近标准密度的画面，那么该画面在拍摄时所依据的感光度，就应定为该胶片的实用感光度。

以某黑白负片为例：推荐感光度为 ISO100，灰雾密度 $D_0=0.17$，拍摄曝光的条件和灰板的密度见表 4-6。

表 4-6

拍摄条件(快门速度均为 1/125 秒)		灰板密度	结　论
感光度	光圈		
以假设感光度 ISO25 拍摄	f/4	1.26	标准值为
以假设感光度 ISO35 拍摄	f/5.6 开大 0.5 级光圈	1.20	$D_0+0.1+0.80$
以假设感光度 ISO50 拍摄	f/5.6	1.17	$=0.17+0.1+0.80$
以假设感光度 ISO70 拍摄	f/8 开大 0.5 级光圈	1.08	$=1.07$

与标准值接近的数值为 1.08，因此，该胶片的实际感光度应为 EI 70。(关于 EI 值参见第 67 页)

◎**正像画面的评价**　在大多数情况下，用测量灰板密度的方法得到的数据是比较准确的，和在正片或相纸上得到的正像效果是一致的。但是，若灰板的位置、受光的情况和人脸所处的条件不一致时，可能得到的结论和正像画面会有出入。这时，需要用拍好的底片按各自的最佳条件放大照片，比较各个画面在层次、影调上的异同，找出质量最好的一幅，以其拍摄时所用的感光度作为以后拍摄的依据。

反转片的实拍测试方法基本同上。

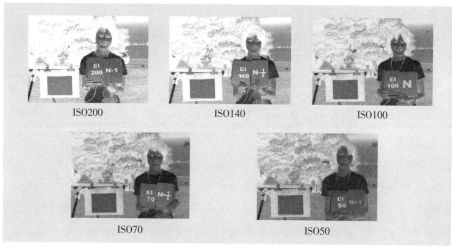

图 4-19　不同密度的底片

实验一:利用感光测定方法确定黑白负片的正常显影时间

一、实验目的

学会对黑白感光材料性能测定全过程的操作。

学会确定黑白负片正常显影时间的规范方法。

二、实验器材

包括感光仪、密度计、黑白负片、全套冲洗用具以及显影液、定影液等。

三、操作步骤

1. 在感光仪上曝光 4 条光楔。

2. 冲洗。用 D-76 显影液,控制温度为 20℃,参照感光胶片说明书上的条件,分别用间隔 2 分钟的显影时间(如 5 分、7 分、9 分和 11 分)对 4 条光楔进行显影,经短暂水洗,然后定影,最后水洗,得到 4 条光楔底片。

3. 用密度计分别计量 4 条底片上的光楔密度。

4. 在同一坐标上画出 4 条感光特性曲线。

5. 测出每条曲线的反差系数 γ。

6. 以时间 t 作横坐标、反差系数 γ 作纵坐标,将测出的 4 个 γ 画出 t-γ 曲线。

7. 从曲线上查出 γ=0.65 时所用的显影时间。

四、实验结果分析

实验二:黑白负片感光性能的测定

一、实验目的

利用感光测定方法,测定黑白感光材料的性能。

二、实验器材

包括感光仪、密度计、黑白负片、全套冲洗用具以及显影液、定影液等。

三、操作步骤

1. 将待测的黑白负片在感光仪上曝光 1 条光楔。

2. 按实验一确定的正常显影时间进行冲洗。

3. 计量密度。

4. 绘制曲线。从特性曲线上及相应数据中求出感光胶片的灰雾密度、反差系数、感光度和宽容度。

四、实验结果分析

注:本实验可与第五章的实验结合起来做。

实验三:黑白负片实用感光度的确定

一、实验目的

掌握黑白负片实用感光度的测定方法。

学会用客观技术指标和对画面的主观评价相结合的方法确定所用负片的实用感光度。

二、实验器材

包括照相机、摄影用标准灰板、测光表(手持式或相机内测光装置)、黑白负片、全套冲洗用具、放大纸、放大设备以及 D–76、D–72、F–5 等显影液。

三、操作步骤

1. 拍摄。

① 拍摄对象。以中、近景人物为拍摄对象,景物亮度范围要足够大,画面中要带反光率为 18% 的灰板。

② 测光方法。用测光表计量反光率为 18% 的灰板的亮度值,按胶片推荐的感光度确定正确的曝光组合(有条件的可对画面中各个部位的亮度计量并记录下来)。

③ 曝光。以正确的曝光组合为基准拍摄 1 幅,再分别以 1/3 或 1/2 挡光圈之差递增、递减各拍摄 3 幅。拍摄时,应在画面中做出标记,如"曝光正确"、"过度 1/2 挡"等。

2. 冲洗。按实验一确定的显影条件冲洗已曝光的负片。

3. 计量每幅画面中灰板的密度以及灰雾密度。

4. 以灰板密度数据符合或接近 $D_0+0.1+0.75$(或 0.80)为实用感光度标准,确定所用负片的实用感光度。

5. 放大。用拍好的底片按各自的最佳条件放大照片,比较画面层次及影调的异同,确定实用感光度。

四、实验结果分析

习 题

1. 感光特性曲线有何意义?

2. 如何测定感光材料的感光性能?

3. 感光测定方法有何用途?

4. 如何通过实际拍摄的方法来测试感光材料的性能?

5

感光材料的性能

□ 感光材料的性能包括感光特性和影像结构特性
两部分。感光材料的感光特性主要指的是感光乳
剂对光的反应特性，如灰雾密度（最小密度）、反
差系数、感光度和宽容度等。感光材料的影像结
构特性指的是感光材料记录细节的能力，如清晰
度、颗粒度和分辨率等。

感光材料的感光特性

灰雾密度(fog density)和最小密度(lowest density)

◎**定 义** 灰雾密度和最小密度是指感光材料未经成像光源曝光,在显影之后产生的密度,一般用符号 D_0 表示。

灰雾密度的大小可以用密度计计量,可通过计量非成像部位(例如两幅画面之间的空白处、相纸的边缘等)的密度来获得 D_0 的数据。由于乳剂是附着在片基上的,所以计量得到的 D_0 数据包含有片基的密度在内。

一般情况下,质量合格的负片,其乳剂灰雾密度≤0.1,正片的乳剂灰雾密度≤0.03。由于黑白负片的片基中含有防光晕染料,不同厂家、品牌负片的防光晕染料品种和用量不同,所以计量出的乳剂灰雾密度+片基密度也就有所不同,一般多在 0.2~0.35 之间。黑白正片的乳剂灰雾密度+片基密度≤0.07。

对于彩色感光材料,由于彩色负片乳剂中含有带色成色剂,计量得到的胶片上未曝光部位的密度,既含有片基的密度,还含有成色剂的密度在内,通常称为"最小密度",依然用 D_0 表示。彩色负片有三个乳剂层,各层的最小密度是通过密度计上的滤光镜来计量的,例如通过蓝滤光镜计量得到的是:感蓝层的乳剂灰雾密度+片基密度+成色剂的密度。三层的最小密度分别用 D_{0B}、D_{0G}、D_{0R} 表示。

彩色电影负片的 D_{0B} 一般在 0.9~1.0 之间,D_{0G} 在 0.5~0.6 之间,D_{0R} 在 0.1~0.2 之间。彩色中速摄影胶卷的 D_{0B} 一般在 0.6~0.8 之间,D_{0G} 在 0.5~0.7 之间,D_{0R} 在 0.2~0.3 之间。高感光度彩色摄影胶卷的最小密度还要高些。彩色反转片的最小密度是由乳剂中剩余的成色剂、冲洗过程引起的污染以及片基密度等构成的,一般约为 0.2。

经验丰富的摄影者,在灰雾密度出现异常时,用肉眼是可以识别的。不同品牌、型号的胶片或相纸,其灰雾密度是不同的。

◎**灰雾密度对影像质量的影响** 灰雾密度直接影响影像的暗部层次,如果底片上产生的灰雾大,你会发现,整个底片像是蒙上了一块灰片,底片上最亮的部位,即暗部层次湮没在灰雾中,不能分辨,而高亮度部分受到的影响并不大。

同时,灰雾密度过高时,由于画面蒙上了一层灰雾,使得整体反差降低了,会造成负片和相纸(包括正片)变暗或变色;反映在反转片上,则高密度不够高,色彩不够饱和。

在彩色片上产生灰雾,不仅影响影像的反差,而且影响色彩的平衡。因为彩色片有三层乳剂,若其中一层的灰雾密度高于其他层,则会产生偏色。比如,感红层灰雾密度高,负片显青色,印到相纸或正片上,画面色彩则偏红。这也是放在相机内的负片因不慎漏光,负像偏青、正像偏红的原因。

一般情况下,由灰雾密度不同引起的偏色,大部分可以借助滤光镜来校正。

◎**引起灰雾的原因**　引起灰雾的原因很多,主要有以下几方面:

1. 感光乳剂中卤化银晶体颗粒的影响。灰雾密度和乳剂的颗粒大小有关。为了得到高感光度的效果,胶片乳剂中的卤化银颗粒就要比较大,但是大颗粒上的感光中心往往比较大或比较多,因此,虽未经曝光,在显影时,产生灰雾的可能性自然要比低感光度的乳剂大。

2. 显影条件的影响。显影温度越高,显影时间越长,搅动越剧烈,则灰雾密度越大;反之亦然。要说明的是,即使是正常显影,也会有灰雾产生,因此不可因噎废食,不可为了减小灰雾密度而不充分显影。不同成分的显影液所引起的灰雾不同,如用菲尼酮作显影剂的 P–Q 显影液比 D–76 显影液产生的灰雾密度要大。在显影期间有太多的操作,如将感光材料暴露在空气中,都会引起灰雾。冲洗过程中的操作不当,如将定影液不慎带入显影液中,也会使灰雾上升。

3. 保存条件的影响。感光材料的保存时间越长,灰雾密度越大,特别是超出保存期的感光材料更是如此。因为在感光材料的保存过程中,乳剂中的感光中心依然在缓慢地成长,如果保存温度高,湿度大,保存环境中存在还原性气体或其他有害气体,感光中心的成长就会加速,从而引起灰雾密度上升。

4. 使用条件的影响。在使用过程中,摩擦、挤压、磕碰、局部受热等都会引起灰雾密度的全面或局部增加。在分装胶卷、冲洗前的缠片或往显影罐中装片等过程中,有可能因暗房漏光、操作不当等使感光材料得到了不应有的非成像曝光,即通常所说的"跑光"。相纸等正性感光材料在安全灯下暴露的时间过长,或安全灯不够安全,也会造成"跑光"。在这些情况下,感光材料上会产生不应有的密度,而且往往是不均匀的。

◎**使用注意事项**

1. 在对胶片性能进行测试时,若发现胶片的灰雾密度略高于正常值,在拍摄时就需要增加曝光量,使暗部层次在胶片上产生的密度高于灰雾密度。

2. 若发现灰雾密度很高,上述做法就没有意义了。因为,为了暗部能有层次而需要将曝光量增加很多时,亮部层次必定会损失,同时,影像的整体反差会减小,这样的胶片就应该废弃了。

反差(contrast)和反差系数(contrast factor)

◎**反　差**　反差是指景物或影像中亮暗的差别,是评价感光材料和影像质量的一个重要指标。

1. 景物的反差以景物中最大亮度和最小亮度之比来表示：

景物反差＝最大亮度/最小亮度

2. 影像的反差以影像中最大密度和最小密度之差来表示：

影像反差＝最大密度－最小密度

景物反差和影像反差都可分为整体反差和局部反差。一般情况下，整体反差小的影像，局部反差也不会大；如果整体反差大时，局部反差有的很大，也有的很小。

负片、正片的最大密度、最小密度指的是透射密度，照片的最大密度和最小密度则指的是反射密度。对于展示在屏幕上的影像反差，也可用屏幕上最大亮度和最小亮度的比值来表示。

反差大的影像，通常也称为影调硬或调子硬；反差小的影像，也称为影调软或调子软。

◎反差系数

●定　义　反差系数是指影像的反差(画面中不同部位影调明暗的差别)和景物的反差(景物不同部位的亮度差别)之比。

在感光材料特性曲线的不同部位(如趾部和直线部分)，这个比值是不同的，只有在感光材料特性曲线的直线部分才是定值，影像的反差在特性曲线的纵坐标上显示为密度差(ΔD)，景物反差(ΔlgH)在横坐标上显示为曝光量之差，参见图5-1。

因此，反差系数可以表示为：

$$反差系数＝\frac{影像反差}{景物反差}$$

用符号表示为：

$$\gamma＝\Delta D/\Delta lgH \qquad 式5-1$$

●反差系数的求法　从特性曲线上可以看出，在直线部分，γ正是直线部分的斜率。求反差系数，就是求直线部分的斜率。常用的方法有：

1. 计算法。在直线部分取两个点，参见图5-2A，求出：

$$D＝D_2-D_1 \qquad 式5-2$$

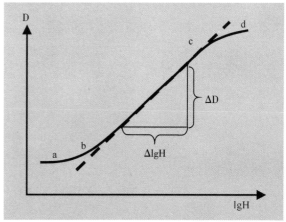

图5-1　反差系数

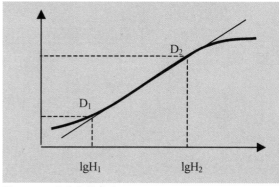

图5-2A　反差系数求法1

$$\Delta lgH = lgH_2 - lgH_1 \qquad\qquad\qquad 式\ 5\text{-}3$$

将 ΔD 和 ΔlgH 代入(式 5-1)计算,即可得出反差系数 γ。

在取点时,注意两个点一定要在直线部分,并且不要离得太近,否则会引出较大误差。

2. 推平行线法。如果取 $\Delta lgH = lgH_2 - lgH_1 = 1$,则:

$$\gamma = \Delta D/\Delta lgH = \Delta D \qquad\qquad\qquad 式\ 5\text{-}4$$

为了免去数字计算的麻烦,可以在特性曲线表的横坐标上,取一固定长度 ΔlgH=1,用推平行线的方法,用直尺循着特性曲线的直线平行移动至固定长度 ΔlgH=1 的端点 A 上,这时,直线部分和纵坐标相交,纵坐标的数据 ΔD,就是反差系数 γ 的值,参见图 5-2B。

3. γ 尺测量法。第三种方法是第二种方法的延伸。将特性曲线表的纵坐标和横坐标画在一张透明的胶片上,并在横坐标上标出固定长度 ΔlgH=1 的端点 A,这个工具通常被称为 γ 尺,参见图 5-2C。

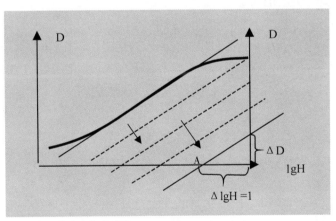

图 5-2B 反差系数求法 2

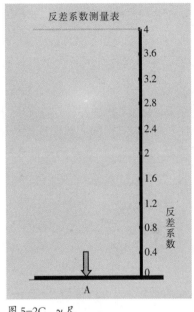

图 5-2C γ 尺

使用 γ 尺测量时,只要将 γ 尺与横坐标平行,让 ΔlgH=1 的端点 A 与直线的一点重合,直线的另一点和纵坐标相交处所示的数据就是反差系数 γ。

● **反差系数和影像反差、景物反差的关系** 由于影像反差=景物反差×反差系数,所以当景物的反差一定时,若不计曝光和相机的影响因素,影像的反差大小就和反差系数直接相关。这时,对于一个中等亮度的景物,当反差系数 γ=1 时,影像反差=景物反差,景物的反差得到忠实再现;当反差系数 γ<1 时,影像反差<景物反差,景物的反差受到压缩;当反差系数 γ>1 时,影像反差>景物反差,景物的反差得到夸张。

当反差系数一定时，影像反差和景物反差成正比关系，景物反差大，影像反差也大，反之亦然。

●**反差系数的数值范围** 为了能得到合适的影像反差，反差系数需要严格控制。这里将一般情况下常用感光材料的反差系数列于表5-1。

彩色感光材料有三个乳剂层，因此有三个反差系数，这三个反差系数应该比较接近，否则，影像的色彩就可能不平衡，出现偏色。

表 5-1

感光材料品种	反差系数
黑白负片	~0.65
彩色负片	~0.6
彩色反转片	1.8~2.1
不同型号的黑白相纸	1.2~3.7
彩色正片	~3.0
彩色相纸	~3.0
彩色中间片	~1.0

●**影响反差系数的因素**

1. 不同片种的感光材料具有不同的反差系数，这是根据感光材料的用途设计的。

对于摄影负片，为了能把景物中更多的层次记录下来，生产厂家将其反差系数设计得比较低，在0.65左右，即特性曲线斜率比较小。只有这样，才有可能容纳较大的景物亮度范围。由于负片反差系数比较低，所对应的底片密度差小，即影像反差小。为了能在照片上看到影调明朗的影像，与负片配套的正片或相纸是具有高反差系数的，大多在2.6~3.0左右。这样方可将底片上压缩的影像反差扩张开来，使最终影像的反差能满足人眼在正常观赏条件下的视觉感受。

影像的总反差系数＝底片影像的反差系数×正片的反差系数

即：$\gamma_总=\gamma_底×\gamma_正$

例如，底片的反差系数为0.65，正片的反差系数为3.0，则照片的反差系数为：

$\gamma_总=0.65×3.0=1.95$

反转片虽然也用于拍摄，但同时也用于观赏。因此，反转片既要有负片的性能，也要有正片的性能。若反差系数很高，记录景物亮度范围的能力就会降低；若反差系数很低，则影像的影调就会不明朗。因此，身兼二职的反转片的反差系数只能介于负片和正片两者之间，约为1.8~2.1。这样得到的影像和照片或正片的最终影像反差接近。由于反转片的反差系数高于负片，它所能容纳景物亮度范围的能力不及负片，因此，摄影者在选择景物亮度范围或布光的问题上，应充分注意到这一点。

2. 显影条件是影响反差系数的一个重要因素，在实际冲洗时需要规范操作。

反差系数是和冲洗条件相关的。显影操作，特别是手工操作，可变因素很多，主要有以下几点：

① 显影时间。对于同一种黑白胶片，在同一显影液中，显影时间越长，反差系数越高，显影时间越短，反差系数越低，参见图5-3和图4-16。

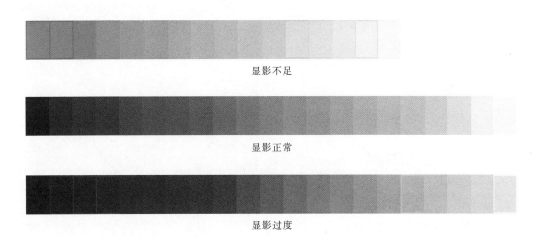

显影不足

显影正常

显影过度

图 5-3　显影条件对影像反差的影响

　　显影时间长短与反差系数之间并无固定的数学表达式,即使是同一感光胶片在同一显影液中,也是如此。一般情况下,通过感光测定,可以确定在特定显影液中正常的显影时间,参阅本书第四章第三节。

　　如果为了得到特殊的高反差或低反差的影像效果,需要通过显影提高或降低反差时,必须经过试验确定合适的显影时间。当然,如果有胶片生产厂家推荐的显影条件,可以将其作为试验的起始数据来参考。

　　② 显影温度。由于显影过程是一个卤化银被还原的化学反应过程,温度越高,化学反应的速度越快,曝光多的部位,卤化银被还原得越多,反差系数就高;反之,温度越低,化学反应的速度越慢,卤化银被还原得越少,反差系数就低。另外,在温度过低时,显影液中的有些成分就不起作用了,如 D-76 显影液中有两种显影剂米吐尔和对苯二酚,当温度低于 13℃时,对苯二酚是不起作用的,这就意味着显影液的成分发生了变化,使影像反差大大降低。

　　③ 循环和搅动。显影时,药液的搅动或循环,对显影程度有很大的影响,搅动速度快,影像反差就高,搅动速度慢,影像反差就低,往往还不均匀。

　　④ 显影液成分。不同配方的显影液对同一种感光材料来说,显影效果也不同。比如 D-72 和 D-76 配方,由于所含的两种显影剂的比例不同,用前者显影,得到的影像是高反差的,而用后者显影的效果是低反差的。一般情况下,应使用感光材料生产厂家推荐的配方。

　　另外,显影液的新旧程度对影像反差也有影响。比如在新鲜药液中显影,得到的影像反差是合适的；在其他条件相同时用陈旧的显影液显影，得到的影像反差就不够。

鉴于影响反差系数的显影因素不是单一的，在确定黑白胶片显影条件时，在一般情况下只变动其中一种因素，如显影时间，而将其他因素固定。

一般情况下，彩色感光材料的显影条件是固定不变的，因为彩色感光材料有三个涂层，在正常的显影条件下，三层乳剂的反差系数是比较接近的，如果改变显影条件，三层乳剂的反应是不一致的，比如延长显影时间，感红层的反差系数就有可能比感蓝层的反差系数提高许多。就是说，改变显影时间会导致三层乳剂反差系数不平衡，进而影响彩色感光材料的色彩再现，因此不要轻易改变彩色感光材料的显影条件，参见图5-4。

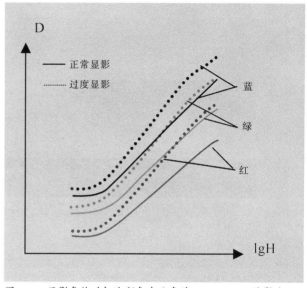

图5-4 显影条件对柯达彩色专业负片SUPRA800的影响

● **影响影像反差的因素** 以上归纳了影响景物反差和反差系数的因素，下面归纳几点影响影像反差的因素：

1. 感光材料的固有反差。在其他因素不变的条件下，感光材料的固有反差高，影像反差也就高。在使用不止一种感光材料的组合时，如负片和相纸相匹配时，两者的反差系数对最终影像的反差都会产生影响。

2. 景物反差的影响。当反差系数一定，即胶片的品种和显影条件得到合理控制的情况下，影像反差和景物反差直接相关，若景物反差小，影像反差也小。因此，为了得到合适的影像反差，在拍摄时必须注意控制影响景物反差的种种因素，如景物的亮度范围、景物的反光率和照明条件等。

3. 显影条件的影响。在上述条件固定时，使反差系数升高的显影条件，如显影温度高、显影时间长、搅动剧烈等，也都会使影像反差加大。

在实际使用过程中，常有各种因素对影像反差产生影响，因此需要将各种因素综合考虑。比如，在景物反差过高或过低时，常有人想到用显影来补偿，试图通过改变反差系数来影响影像反差。但这样做需要经过试验确定显影条件，并且常常是以牺牲胶片的感光度、颗粒性和层次等为代价的，要想得到合适的影像反差，还是以拍摄时对景物反差进行调整为好。

要特别说明的是:在借助于反差系数、景物反差和影像反差的关系讨论影像反差时,由于反差系数代表的只是特性曲线的直线部分的斜率,是个比值,因此在说到影像反差和景物反差时,也是对处于直线部分的景物亮度范围和影像密度差进行描述。

◎**平均斜率**$\overline{G}$　之所以提出平均斜率的概念,是因为仅用反差系数描述有关感光材料的反差特性尚有不足。因为:一、反差系数只涉及到特性曲线的直线部分,而在实际使用过程中,往往要用到曲线的趾部。将景物的暗部层次记录于此,为的是减小影像的密度差,以适应正性感光材料的特性。二、有些感光材料的特性曲线没有明显的直线部分,或直线部分分为两段,难以用一个斜率数据来说明问题。

为此,影像科学工作者提出了平均斜率的概念,具体的计算方法是:在特性曲线的趾部取一个代表暗部的最低有效密度点 M,$D_0+0.1$,在直线部分取一个代表人脸密度的中级密度 N,规定这一点的曝光量为最低有效密度点对应的曝光量的 20 倍(曝光量对数差为 1.3)。将这两个点用直线连接起来,这条直线的斜率就是平均斜率,见图 5-5。

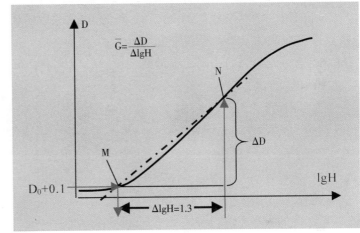

图 5-5　平均斜率$\overline{G}$

计算公式为:

$$\overline{G}=\frac{\Delta D}{1.3}$$

用于计算反差系数的三种方法都可以用在平均斜率的计算上。

感光度(sensitivity)

感光度是指感光乳剂在特定的曝光条件和显影条件下对光的敏感程度,以 S 表示。这个参数不仅是评价感光材料性能的重要指标之一,而且是使用摄影器材进行曝光控制的依据。其数值可以从特性曲线上求出。

历史上有过多种感光度标准,许多国家都有自己的标准,例如美国的国家标准 ASA、德国的工业标准 DIN 等,由于没有统一的标准,不便于交流。国际标准化组织 ISO 在这方面做了重要的工作,制定了国际标准感光度 S_{ISO},有算术值和对数值之分。从那时起,S_{ISO} 成了国际通用的感光度标准。它和美国的国家标准 S_{ASA}、德国的工业标准 S_{DIN} 有一定的换算关系。

◎**常用感光材料的感光度计量方法**

●黑白负片感光度 S_{ISO}　计算黑白负片的感光度时,是以规定的冲洗条件冲洗后的底片达到规定密度所需要的曝光量为准的。达到这一密度所需的曝光量越小,负片的感光度就越高,感光度和曝光量成反比,即:$S \propto 1/H$。

国际标准化组织对计算感光度的规定如下:

1. 根据国际标准化组织的规定,计量感光度所采取的规定密度称为基准密度,在计量负片感光度时,基准密度取的是最低有效密度:$D_0+0.1$(见图 5-6),这一点代表的是画面中的暗部,位于特性曲线的趾部。

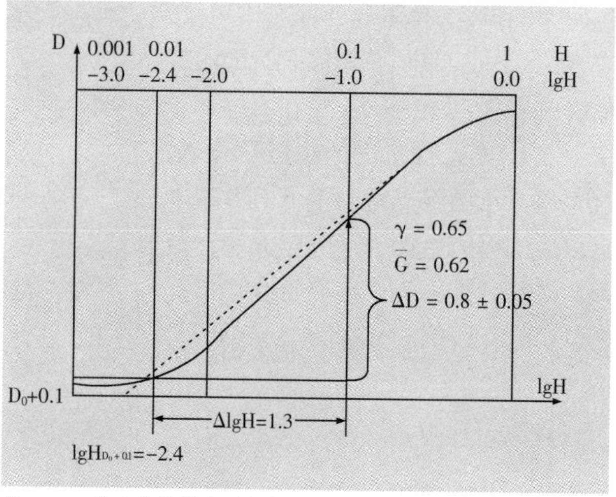

2. 国际标准化组织同时规定,底片的显影程度应达到的反差系数为 0.65,即平均斜率为 0.62,这时,相应的 ΔD 达到 0.8 ± 0.05。因为同一感光材料在显影程度不同时,反差系数不同,求出的感光度数据也不一致。

感光度的表示方法:

黑白负片的国际标准感光度有两种表示方法,一种是算术值,另一种是对数值。算术值的计算公式为:

$$S_{ISO}=\frac{0.8}{H_{D_0+0.1}}$$

图 5-6　感光度计算中的数据标示

$H_{D_0+0.1}$ 为密度 $D_0+0.1$ 所对应的曝光量。如图 5-5 中所示,$lgH_{D_0+0.1}=-2.4$,$H_{D_0+0.1}=0.004$,代入上式中,计算得到:$S_{ISO}=0.8/0.004=200$,即感光度为 ISO200。

对数值的计算公式为:

$$S_{ISO}^{\circ}=1+10lg\frac{0.8}{H_{D_0+0.1}}$$

将 $H_{D_0+0.1}=0.004$ 代入上式中,计算得到 $S_{ISO}=1+lg0.8/0.04=24°$

S_{ISO} 和 S_{ISO}° 在数值上的关系：当感光度的算术值增加 1 倍时，对数值增加 3。其对应关系如表 5-2 所示。

表 5-2

算术值 S_{ISO}	25	50	100	200	400	800	1600
对数值 S_{ISO}°	15	18	21	24	27	30	33

通常，胶片感光度表示为：S_{ISO}/S_{ISO}°，如感光度为 ISO400 的负片，其感光度应表示为：

$S_{ISO} = 400/27^{\circ}$

在实际使用胶片时，感光度相差 1 倍的胶片，拍摄同样条件下的景物，为了得到同样的效果，光孔要相应开大或缩小 1 挡。

S_{ISO} 和 S_{ASA}、S_{ISO}° 的关系：

感光度 S_{ISO} 的算术值和 S_{ASA} 的数值相同，S_{ISO}° 的对数值和 S_{DIN} 的数值相等。其数值关系如表 5-3 所示。

表 5-3

国际标准 S_{ISO}	25	50	100	200	400	800	1600
美国国际标准 S_{ASA}	25	50	100	200	400	800	1600
国际标准 S_{ISO}°	15	18	21	24	27	30	33
德国工业标准 S_{DIN}	15	18	21	24	27	30	33

● **彩色负片的感光度** S_{ISO} 国际标准化组织对计算感光度的规定：

1. 彩色负片感光度的计算要考虑三层乳剂各自的感光能力，根据 1994 ISO 标准，计量感光度所采取的基准密度为各层的 $D_0+0.15$，它们分别对应三个曝光量对数，即 $\lg H_红$、$\lg H_绿$、$\lg H_蓝$。

2. 同时规定，底片以推荐的冲洗工艺冲洗，如 C-41。

计算公式为：

$$S = \frac{\sqrt{2}}{Hm}$$

其中 Hm 为感绿层达到 $D_0+0.15$ 所需的曝光量和另外两层中感光度低的一层的曝光量的平均值。

即：

$$Hm=\sqrt{H_{绿}\times H_{低感层}}$$

或

$$lgHm=\frac{lgH_{感绿层}+lgH_{低感层}}{2}$$

如图 5-7 中的低感层为感蓝层。

不同感光度的负片,其感光特性曲线如图 5-8 所示,感光度较高的负片的特性曲线与感光度较低

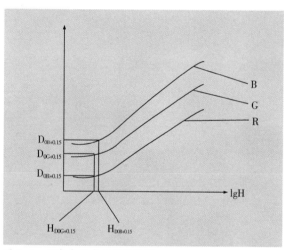

图 5-7 彩色负片感光度的计算

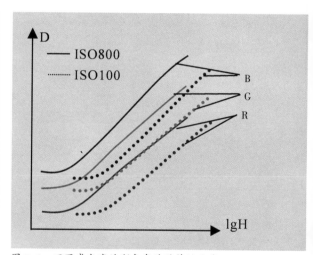

图 5-8 不同感光度的彩色负片的特性曲线

负片的特性曲线基本上是平行的,但是更靠左侧。

●**彩色反转片的感光度** 国际标准化组织规定:根据 1994 ISO 标准,彩色反转片的感光度计算公式为:

算术值：$S=\dfrac{10}{Hm}$

对数值：$S_{ISO}^{\circ}=1+10lg\dfrac{10}{Hm}$

其中,Hm 为特性曲线上 T 和 S 两个点的曝光量平均值(见图 5-9)。这条反转片的曲线是依据视觉密度数据绘制的。

T 点的密度规定为:$D_0+0.2$,代表的是影像中的高亮度部分;由此点向曲线肩部画一条切线,切于 S 点。S 点的密度规定为:$D_0+2.0$,代表的是影像中的暗部。若 S 点的密度大于 $D_0+2.0$ 时,取 $D_0+2.0$。所以有:

$$Hm=\sqrt{H_{D_0+0.2}\times H_{D_0+2.0}}$$

人们一般将感光度低于 ISO100 的称为低速片，感光度在 ISO100~ISO200 之间的称为中速片,ISO200 以上的称为高速片。

● 正性感光材料的感光度

表 5-4

感光材料	基准密度点	计算公式	备注
正片	$D_0+1.0$	$S=10/H_{D_0+1.0}$	曝光量 H 以勒克司·秒计
照相纸	$D_0+0.6$	$S=1000/H_{D_0+0.6}$	曝光量 H 的单位以米烛光·秒计

注:1 英尺烛光=1 流明/平方英尺=0.0929 勒克司。

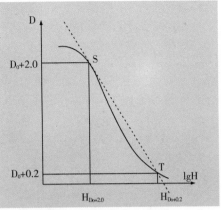

图 5-9　彩色反转片感光度的计算

彩色正片和相纸是为负片配套设计的,用于印制电影拷贝、幻灯片或彩色照片。彩色负片为了能获得饱和的色彩而使用了带色成色剂,使整个胶片带有橙红色,这样,在以白光为印片光源印片时,到达正片的红光就会比蓝光和绿光多。为了能在正片上实现正确的色彩再现, 彩色正片三层乳剂的感光度是不同的,由于正片接受的蓝光比例最小,所以把对蓝光的敏感程度设计为最高,而将对红光的敏感程度设计得最低。三层感光度的比例($S_红:S_绿:S_蓝$)约为 1:2(1.5~3):4(3.5~7),见图 5-10。

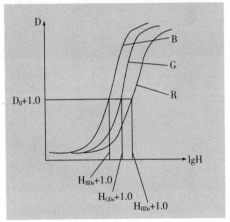

图 5-10　彩色正片的感光度

从正片的感光度计算公式中可以看出,基准密度点取的是 $D_0+1.0$,处于特性曲线的中间部分,而负片取的是 $D_0+0.1$,处于特性曲线的趾部,因此,虽然计算公式很相似,但是计算结果是不能直接比较的。

正性感光材料,包括正片和相纸,不是为装入相机拍摄各种景物而设计的,它的"拍摄"对象是底片上记录的影像。因为在印放操作时,底片和正片(或相纸)可以在静止或相对静止的情况下曝光,所以,正片和相纸一般不需要很高的感光度。感光度过高,反而不便于暗室操作,而感光度低,乳剂颗粒可以比较细,有利于放大照片。

● ISO 感光度和 EI 值　在大部分感光胶片的包装上都标有 ISO 感光度，也有一些胶片包装上标的是曝光指数 EI(Exposure Index ratings)。

ISO 感光度是在特定的非常标准的条件下测定的。然而,非常标准化的测试条件却往往不能和实际拍摄条件相吻合。EI 值是在特定的实际拍摄条件下,综合了摄影器材(包括相机镜头、快门速度、测光系统工作方式等)和胶片冲洗、照片印放条件等诸因素后得到的胶片的实际感光度。在实际使用中,应注意感光度 ISO 和曝光指数 EI 的区别。

测算感光胶片的 ISO 感光度时,其曝光条件是标准的特定设备——感光仪,所用的冲洗工艺是标准的,都具有可重复性。用这种方式求算出的感光度是准确可靠的,常用于检测不同品牌的感光胶片或同一品牌不同批次的感光胶片的感光度,也可用于比较同一胶片在不同显影液中的显影效果等。

但是,标准的曝光和冲洗条件不能代表一般摄影和冲洗的情况。在非标准条件下测出的曝光指数 EI,常常和其他指标一起,用来检测在特定条件下拍摄或冲洗的质量,调控各种影响影像质量的因素。

对黑白胶片来说,其冲洗条件可以是多样化的,胶片和可用显影液配方之间有多种组合。一般情况下,测定 ISO 感光度时,用的是推荐的显影液配方,若用另行选定的显影液,测出的感光度数据则应用相应的 EI 值表示,拍摄时,要以相应的 EI 值作为曝光参考。另外,有的摄影者为了弥补拍摄时的缺陷或追求特殊效果,常常采用延长或缩短显影时间的方法改变胶片的感光度,这样得到的感光度数据,应用 EI 表示。

对于给定的摄影系统,通常要应对很多的拍摄环境,因而需要对实际使用的感光度进行调整。例如,在使用某些低反差彩色负片拍摄景物亮度范围不大的景物时,摄影师往往不按给定的 ISO 感光度曝光,而是降低感光度使用,例如将 ISO200 的胶片降低到 ISO160 拍摄。又如,由于反转片所能容纳的景物亮度范围相对来说比较小,因此在曝光时,摄影者对被摄体的内容、快门速度、光圈大小等的选择,都需要尽量准确。在特定的使用条件下确定一个 EI 值,可以为这种条件下的拍摄提供更准确和有效的曝光参考数据,而且可以根据个人对影像质量的偏爱,对 EI 进行调整。比如,喜欢密度更高些、色彩更饱和些,在拍摄反转片时,就应适当将 EI 值定得高一些,也就是曝光略微不足些;若喜欢画面更明亮些,则应将 EI 值定得低一些。至于定为何值,要经过实拍测试,比较影像质量来确定。

在感光材料质量不高,摄影器材设备比较落后的年代里,在使用感光胶片之前,必须用特定的摄影器材对感光胶片的实际感光能力进行实测,以确定实用感光度。当时,有的生产厂家就在感光材料的包装上直接标明曝光指数 EI,而不标 ISO 感光度。比如,在 20 世纪 70、80 年代的柯达电影胶片的包装上,标明的就是 EI 值。而当时的 EI 值只有 ASA 制感光度数值的一半。目前,感光胶片的性能越来越好,摄影装备越来越精良,大多数感光胶片的包装上标明的都是 ISO 感光度,不再标注 EI 值。

◎影响感光度的因素

●感光乳剂的特性　在乳剂中,卤化银颗粒大小、晶体结构、化学增感和光谱增感等因素都对乳剂的感光度产生影响。例如,卤化银颗粒比较大,受光面积大,曝光时,形成潜影的能力强,感光度就高。卤化银颗粒大小相同时,如果把卤化银颗粒做成扁平状(T颗粒),相对于其他形状,受光面积就会比较大,因此感光度就高。

●保存条件　胶片在保存期间,感光性能在逐渐发生变化,若保存温度越高、湿度越大、保存时间越久,则灰雾密度上升越高,感光度相应降得越低。这是因为,感光乳剂中的明胶含有具有还原性的微组分,虽然量少,但在保存过程中也会和卤化银起化学反应,将其还原成银。而化学反应在高温和有水分参与时,速度会加快。一般来说,在保质期内以及低温、相对湿度不很高的条件下,这种引起感光度下降的变化并不明显。

●显影条件　显影程度越高(例如显影时间越长、显影温度越高),感光度就越高,当然,这是以牺牲影像的整体像质为代价的。因为显影程度越高,反差系数越高,感光材料所能容纳的景物亮度范围就越小,影像的层次也越少。反之,在显影时间短、显影温度低的情况下,感光度会下降,暗部层次也会损失。

不同配方的显影液也对感光度有不同的影响。彩色片的冲洗涉及到三层乳剂的平衡,如果任意改变冲洗工艺,会使三层乳剂的反差系数发生不同的偏差,造成影像的偏色。

在评价某胶片的感光度是否符合标称值,或比较两种胶片的感光度高低时,应使用感光材料生产厂家推荐的显影液配方和冲洗工艺。如果为了鉴定胶片在使用中的感光度,应在现有的生产条件下进行冲洗。

●其他条件　照明光源的光谱成分对黑白胶片的感光度是有影响的。这和胶片的感色性有关,读者可参阅本节有关感色性的内容。

温度对感光度也有影响。在曝光的瞬间,卤化银晶体上会生成潜影。从生成潜影的微观机理来讲,曝光时,卤化银晶体吸收光子,放出电子,之后,这些电子聚集到感光中心处,和银离子结合成银原子,即潜影。前面的光子、电子的运动速度是相当快的,但是后面的离子运动速度则是和温度相关的。在低温下曝光,假如光子数量和常温下一样多,但因离子运动速度减慢,产生不了足够的银原子,常常出现曝光不足的现象。所以,在低温下,曝光量要比常温下大一些。

在正式拍摄前,或在拿到新的胶片时,应对胶片进行实拍测试,以便准确掌握所用胶片的感光度和其他性能,做到心中有数,这样使用起来才会得心应手,减少拍摄失误。

有关实拍测试方法参见本书第四章相关内容。

感色性(color sensitivity)

感光材料的感色性是指胶片对各个波段光的敏感程度。

如果感光乳剂中只含有未增感的卤化银,由于它的固有特性是只感蓝紫光,对绿光和红光不敏感(见图2-16),用这种感光材料拍摄的影像,红绿色彩的景物不能被记录下来,在底片上是空白,在照片或相纸上则是漆黑一团,看上去反差很高,使人眼感受到的影像层次和原景物差别很大。这种感光材料被称为色盲材料。达盖尔时代的胶片就是这种类型。目前使用的大部分黑白相纸和黑白正片也属于这种类型。

由于色盲片对红绿光不敏感,可用红色、绿色滤光片作为安全灯片,在红灯或绿灯照明下操作。

在感光乳剂中添加光谱增感剂,使其感色范围从蓝光扩大到绿光,这种感光材料被称为正色感光材料。由于对红光不敏感,因此,可用红色滤光片作为安全灯片,在红灯下照明操作。

若使卤化银的感色范围从蓝光扩大到绿光和红光,这种感光材料则被称为全色材料(见图2-16)。全色材料必须在全黑条件下进行分装、缠卷等操作。

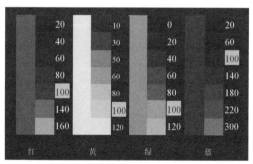

图5-11A 测试感色性用的标板示意图(彩)

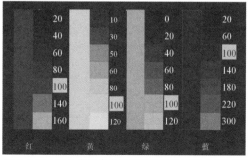

图5-11B 黑白负片感色性的测试效果(正像效果)(彩)

在不同的光源照明下,由于光源的光谱成分不同,用感色性不同的胶片会得到不同的拍摄效果。比如在日光下,蓝光成分比红光成分多,对蓝紫光的敏感又是卤化银固有的本性,因此,不仅是色盲片,就是一般的全色片在日光下拍摄,也比在灯光下的感光度略高一些。

对于感色性不同的黑白胶片,可通过拍摄灰板、色板等方法进行测试,见图5-11A。

在标板上,有红、绿、蓝、黄四种色彩,并在旁边配有不同反光率的消色,标注有100字样的消色块和相邻色块具有相同的反光率。如果拍摄有标板的黑白负片,经过冲洗后,比较胶片上红、绿、蓝色块和旁边不同反光率的消色之间的差异,若其密度和标有100字样的灰色块密度一致,表明该负片对这种色彩的再现是很好的;若其密度大于100,说明该胶片对这种色彩的感色能力过强,在正像画面中,这种色彩的景物就会显得过亮;反之,若其密度小于100,说明该胶片对这种色彩的感色能力过低,在正像画面中,这种色彩的景物就会显得过暗。图 5-11B 是某黑白负片的感色性测试效果,该胶片对色板上红色、黄色、绿色景物的再现都和标有 100 字样的灰色块密度接近,只是蓝色景物的再现比标有 100 字样的灰色块密度略深。

色板也可以用来分析比较不同彩色胶片对色彩的再现能力。图 5-12 是常用于彩色胶片色彩再现能力比较的一种色板。

利用滤光片可以改变全色片接受的色光,获得所需的影调。如用黄色滤光片可使黑白影像中的天空显得更暗,利用红色滤光片可使黑白影像中的红色花卉显得更明亮。

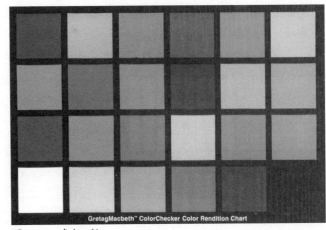

图 5-12　色板(彩)

宽容度(latitude)

◎**定　义**　宽容度是指感光材料等比例容纳景物亮度差别的能力,常用 L 表示。

从特性曲线上可以看出,只有在直线部位,景物的亮度差别才能以一定的密度差被等比例记录下来,而在趾部和肩部,密度差减小,且密度差值不是定值。

感光材料的宽容度对应于曲线直线部分的曝光量,它是正比于景物的亮度范围的,也就是特性曲线在横坐标上的投影。参见图 5-13、图 5-14。

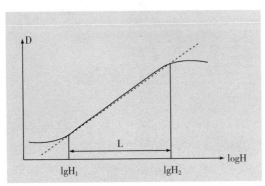

图 5-13　黑白负片宽容度

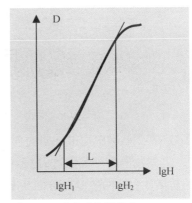

图 5-14　黑白正片宽容度

◎**表示方法**　宽容度可以用亮度比表示:$L=H_1:H_2$,也可用亮度间距表示:$L=\lg H_2-\lg H_1$,或以光圈系数表示的级数表示:$L=$级数。

◎**常用感光材料的宽容度数据范围**　负片的宽容度用亮度比表示为1:128, 用亮度间距表示则为2.1,用光圈系数表示为7级;反转片的宽容度以亮度比表示约为1:32~1:64,用亮度间距表示为1.5~1.8,用光圈系数表示为5~6级。正片或相纸的宽容度比较小,用光圈系数表示只有3~4级。

◎**影响宽容度的因素**

1. 感光材料的宽容度和乳剂中卤化银颗粒的大小分布有关, 若感光乳剂中既含有感光度高的大颗粒,也含有感光度低的小颗粒,则能记录的景物亮度范围就大,宽容度就大,反之亦然。若乳剂中卤化银晶体的颗粒大小均匀,宽容度就小。因此,负片的宽容度大于正片或相纸。

2. 由于宽容度是特性曲线直线部分在横坐标上的投影,所以,如果直线部分的斜率高,在横坐标上的投影就小,宽容度就小。因此,为了使负片有足够大的宽容度,必须严格控制显影条件。

◎**宽容度在摄影过程中的应用**

1. 根据宽容度控制景物的亮度范围。在选择好感光胶片之后,宽容度就是一定的了。一般情况下,现代的负片宽容度为:

$L=\lg H_2-\lg H_1=1.8\sim2.1$(约6~7级光圈)

而景物亮度范围的大小和宽容度大小之间有以下三种不同的情况:

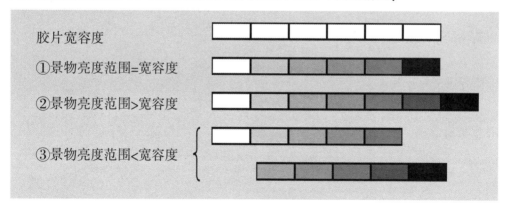

在大多数情况下,层次是很重要的,因此,实拍时应控制景物的亮度范围,使其能容纳在胶片的宽容度范围中。若景物的亮度范围过大,要有意识地利用调整景物亮度范围的手段,如改变构图,去除过亮或过暗的被摄体,或补光,提高暗部亮度,也可使用适当的滤光镜压暗亮部等。如果景物的亮度范围过大,超出了宽容度范围,就会使画面的反差变大,从而失去质感,损失部分层次。

2. 根据宽容度确定允许的曝光误差。如果景物亮度范围小于胶片的宽容度,在曝光时允许有一定的曝光误差,比如宽容度为 7 级光圈,景物亮度范围只有 5 级光圈,曝光时就允许有 2 级光圈的误差。如果景物亮度范围过小,虽然有比较大的曝光允许误差,但影像反差也会很小,使影调不明朗。

互易特性(the reciprocity law)

感光材料接受的曝光量是光照强度和时间的乘积,即:$H=E×t$。

在常规的拍摄条件下(大多数胶片在 1/10 秒~1/1000 秒的曝光时间内),感光胶片存在着互易特性,即只要光照强度和时间的乘积相等,曝光量就相等,冲洗后,感光材料上就可以产生相同的密度。

例如,用光圈 f/5.6 和快门速度 1/30 秒曝光和用光圈 f/4 和快门速度 1/60 秒曝光,两者的曝光量相同,得到的影像密度是一样的。摄影师正是利用了这种特性来调节光圈和曝光时间,以达到控制景深大小或凝固或虚化景物等创作目的。

在光照很弱的情况下,为了获得胶片成像所需的曝光量就需要长时间曝光;而在光照极强的情况下,只要很短的曝光时间,就能达到额定的曝光量。但是,用增加曝光时间来补偿低照度,还是用缩短曝光时间来抵消高照度,都不能达到额定的曝光量,影像密度值不能达到规定的要求,使曝光不足,进而影响影像的层次、反差和色彩等,这种现象被称为"互易律失效"。

互易律失效多出现在高速摄影、天体摄影和显微摄影等情况下。对大多数黑白负片、彩色片和反转片来说,曝光时间在 1~1/10000 秒之间时,不存在互易律失效的问题,有的胶片曝光时间长于 30 秒,也不存在互易律失效的问题。

为了避免因互易律失效带来的问题,很多感光胶片为适应高亮度的某些闪光装置,已经有所改进。摄影者在拍摄时,应注意互易律失效的问题,并根据胶片说明书的要求调整曝光量。

影像结构特性

颗粒度(granularity)和颗粒性(graininess)

人眼对影像的非均匀性的视觉感受被称为颗粒性。由感光乳剂曝光显影后形成的银或染料影像在放大倍数不大时,给人的感觉很细腻,但是当放大倍数增加时,在大面积均匀密度中出现局部密度不均匀的现象,就会使人感觉到颗粒的存在或影像的不均匀。

◎**产生颗粒性的原因**　感光乳剂的颗粒性是由于显影后的银随机不均匀地聚集造成的深浅疏密不同而引起的。人眼并不能看到乳剂中单个银的颗粒,因为它太小,最大的不过 2 微米,要放大几十倍才能看到。

◎**颗粒性和颗粒度**　颗粒性是用人的视觉感受来评价的,可在一定距离上观看不同放大倍率的影像来评价,也可在不同距离上观看相同放大倍率的影像来比较。它实际上是以心理—物理量来衡量的。

颗粒度是对颗粒性的一种客观度量。这种方法避免了视觉评价颗粒性的主观因素。颗粒度的表示方法不止一种,常用的颗粒度表示方法是 RMS(Root-mean-square)颗粒度,还有 PGI(Print Grain Index)颗粒度。

RMS 颗粒度是在均匀曝光的净密度为 1.0 的感光材料上,用测微密度计计量 1000 个点的密度值求算出的均方根颗粒度。

RMS 颗粒度数值大的,对应画面的颗粒感强,RMS 颗粒度数值小的,则表示颗粒细腻。不同胶片的 RMS 颗粒度不同,有的低感光度胶片的 RMS 颗粒度可达到 5,当属细颗粒胶片;而有的胶片颗粒度却达到了 40。表 5-5 中是两种柯达胶片 RMS 颗粒度的数据。

表 5-5

胶片品种	ISO 感光度	RMS 颗粒度
柯达电影负片 5245	50	<5
柯达 VERICHROME Pan Film	125	9
柯达 T-MAX	100	8
	400	10
	P3200	18
柯达专业反转片 E100VS	100	11

从表 5-5 中可以看出,感光度越高的胶片,颗粒越粗。

现在,很多感光材料的 RMS 颗粒度多以曲线形式表示,如图 5-15A、B、C 分别为彩色反转片、彩色正片、彩色负片的 RMS 颗粒度曲线。图中 RMS 颗粒度曲线的位置越高,表明颗粒越粗。

PGI(Print Grain Index)为照片的颗粒指数,是用于定义制作照片的彩色负片颗粒度的一种方法,和 RMS 颗粒度不同,因为两者的计量尺度不同。这种方法对于习惯了以照片为终端产品的观察者更

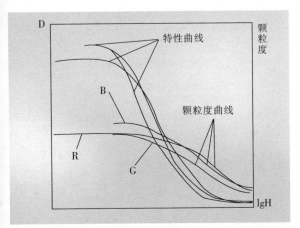

图 5-15A 柯达彩色反转片 5285 的颗粒度曲线(彩)

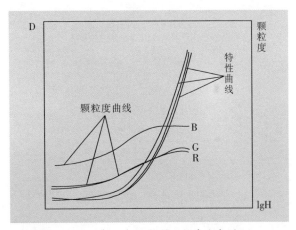

图 5-15B 柯达彩色正片 1282 的颗粒度曲线(彩)

有意义。当前,这种方法仅用在彩色负片上。

PGI 使用了均匀的视觉等级。两个单位等于一个刚刚引起注意的颗粒度差别(jnd)。等级 25 表示接近视觉颗粒的临界值,更高的数字显示觉察到的颗粒的增加。

这种方法使用在漫射放大机制作的照片上,而不用于表示从聚光放大机放大的照片上。PGI 颗粒度包括了以下因素:

1. 预定各种底片规格和照片尺寸。

2. 称为柯达颗粒标尺的物理标准:一系列与颗粒的视觉效果相对应的指数。

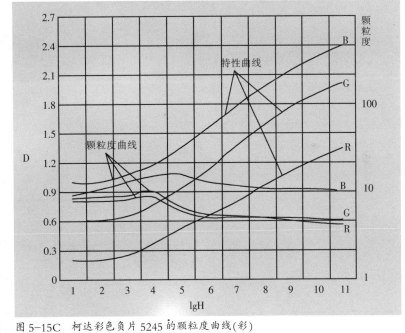

图 5-15C 柯达彩色负片 5245 的颗粒度曲线(彩)

3. 适应任何底片、正片的数学参照标准。

表 5-6 列出了一些柯达专业负片的 PGI 值。

表 5-6

照片尺寸（英寸）	4×6	8×10	16×20
缩放比例	4.4×	8.8×	17.8×
KODAK 专业负片	照片颗粒指数值		
PROFESSIONAL PORTRA 160NC	30	52	81
PROFESSIONAL PORTRA 160VC	33	55	84
PROFESSIONAL PORTRA 400NC	41	62	92
PROFESSIONAL PORTRA 400VC	43	64	94
PROFESSIONAL PORTRA 800	50	72	101
PROFESSIONAL PORTRA 100T	33	55	84
PROFESSIONAL SUPRA 100	27	49	78
PROFESSIONAL SUPRA 400	36	58	87
PROFESSIONAL SUPRA 800	50	72	101
PROFESSIONAL EKTAPRESS PJ100	28	50	79
PROFESSIONAL EKTAPRESS PJ400	41	62	92
PROFESSIONAL EKTAPRESS PJ800	53	75	104

续 表

照片尺寸（英寸）	4×6	8×10	16×20
缩放比例	2.6×	4.4×	8.8×
KODAK 专业负片	照片颗粒指数值		
PROFESSIONAL PORTRA 160NC	<25	30	52
PROFESSIONAL PORTRA 160VC	<25	33	55
PROFESSIONAL PORTRA 400NC	29	41	62
PROFESSIONAL PORTRA 400VC	31	43	64
PROFESSIONAL PORTRA 800	38	50	72
PROFESSIONAL PORTRA 100T	<25	33	55

照片尺寸 (英寸)	4×6	8×10	16×20
缩放比例	1.2×	2.1×	4.2×
KODAK 专业负片	照片颗粒指数值		
PROFESSIONAL PORTRA 160NC	<25	<25	26
PROFESSIONAL PORTRA 160VC	<25	<25	31
PROFESSIONAL PORTRA 400NC	<25	26	39
PROFESSIONAL PORTRA 100T	<25	<25	31

从 PGI 值表示的胶片颗粒度可以看出,不同胶片规格和不同放大率组合的颗粒状况不同时,摄影师可以根据作品的要求选择负片的品种和规格。

◎**影响颗粒度的因素** 感光材料的颗粒和乳剂本身的颗粒有关, 高感光度胶片的颗粒比低感光度胶片的颗粒要大;黑白负片曝光量越大,颗粒越粗;彩色负片曝光量小时,颗粒粗;显影程度越强,颗粒越粗。

分辨率(resolving power)

感光材料的分辨率也称解像力,是指感光材料记录影像细部的能力,广泛用于表示感光材料再现精细影像结构的能力。

◎**表示方法** 以每毫米内最多可分辨的线对(1 条黑 1 条白为 1 组线对)数来表示,记作线对数/毫米。

测定方法:测定时,用感光材料拍摄带有不同粗细线条的分辨率标板,冲洗后,在显微镜下辨别能够分辨得清楚的最细的 1 组线对,用它的每毫米线对数乘以缩拍的倍数,就是分辨率。例如,某胶片拍摄后的标板影像比标板缩小了 30 倍,每毫米 3 组线对尚可分辨,则其分辨率为 90 线对/毫米。

◎**影响因素** 测定分辨率的标板有高反差和低反差之分, 因此, 用不同标板测出的数据是不同的。用高反差标板(1000:1)测出的分辨率高于用低反差标板(1.6:1)测出的分辨率,如表 5–7 所列。

表 5–7

	电影负片 5245 (ISO50)	电影负片 5248 (ISO100)	T–MAX 100	T–MAX 400	T–MAX P3200
低反差标板 1.6:1	50	80	63	50	40
高反差标板 1000:1	100	160	200	125	125

卤化银颗粒大小不同的乳剂分辨率不同,颗粒越细,分辨率越高,如 T-MAX。

当曝光正确、显影正确时,感光材料的分辨率最高。

清晰度(definition)

感光材料的清晰度指的是影像中各个细部的边界清晰程度。

◎**测量方法**　测量方法曾用过刀刃法,后用标板法。标板法是将不同宽窄的线条模板和感光仪的标准光楔叠合在一起曝光到胶片上,用显微镜观看或放映观看,进行视觉评价。

◎**影响因素**　感光乳剂中的卤化银颗粒细,清晰度就高。乳剂涂层薄,光线在乳剂中的折射和反射的可能性减少,有利于影像清晰度的提高。显影正确、曝光正确时,清晰度最高。

模量传递函数(modulation transfer function)

在卤化银感光材料上的成像过程被认为是信息传递过程,光学信号在传递过程中的信息失真与否,可通过模量传递函数(也称为调制解调函数)来表示。

◎**测量方法**　感光材料的模量传递函数测定,可通过拍摄相应标板来完成,参见图 5-16。冲洗后,得到标板的影像,参见图 5-17A。用测微密度计计量其密度,得到一条密度变化的轨迹,并经数学处理,画出模量传递函数曲线,参见图 5-17B。图 5-18 为 KODAKT-MAX 100 Professional Film 的模量传递函数。

图 5-16　测定模量传递函数所用的标板

A

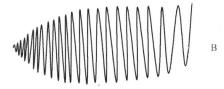

B

图 5-17　模量传递函数标板的影像(A)和密度差值形成的轨迹(B)

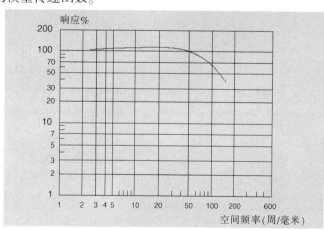

图 5-18　KODAK T-MAX 100　Professional Film 的模量传递函数

曲线横坐标代表的是空间频率,用频率/毫米表示。从左到右,频率由低变高,低频对应于粗糙的细部,越往右,表示细节越多。纵坐标则代表模量传递系数,也称响应值,用百分数表示。

在模量传递函数曲线中,若响应值高,说明影像失真程度小,即清晰度高。一般来说,在频率低处,响应值都比较高。这表明,对于细节不是很多的景物,其影像比较清晰。而曲线在向右延伸过程中逐渐向下弯曲,这说明,随着空间频率的提高,也就是细节的增多,清晰度逐渐降低。曲线向右延伸的距离越长,表明这种感光材料能记录的细节越多。例如图5-19中,b胶片能记录的影像细节比a胶片要多。而在频率比较低时,a胶片的清晰度比b胶片要高。

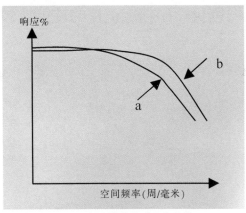

图5-19　不同胶片的模量传递函数比较

不同种类感光材料的性能比较

不同感光材料是为不同的用途而设计的,因此其性能各有特点。了解不同感光材料的性能,可以合理选材,充分发挥所用感光材料的优势。

黑白负片、正片、反转片的性能比较

表5-8

	黑白负片的性能	黑白正片的性能	黑白反转片的性能
最小密度	依片基染色情况不同，约0.2~0.35；不计片基密度应在0.07~0.1左右	不计片基密度 <0.03	不计片基密度 应在0.03左右
反差系数	0.6~0.65	2.6~3.2	1.8~2.1
ISO感光度	25~3200	低	比较低，一般不计
宽容度	1:64~1:128	1:8~1:12	1:16~1:32左右

彩色负片和彩色正片的性能比较

表 5-9

	彩色负片的性能	彩色正片的性能	彩色反转片的性能
最小密度	电影：$D_{0蓝}$约 0.9~1.0 $D_{0绿}$约 0.5~0.6 $D_{0红}$约 0.1~0.2 图片摄影：$D_{0蓝}$约 0.6~0.75 $D_{0绿}$约 0.4~0.6 $D_{0红}$约 0.1~0.25	$D_{0蓝}<0.12$ $D_{0绿}<0.1$ $D_{0红}<0.1$	<0.2
最高密度			>3.0,至少要>2.5
反差系数	$\gamma_{绿层}=0.6$，一般红层略低，蓝层略高	2.5~3.2	1.8~2.1
ISO 感光度	25~1600	比较低，一般不计	25~1600
宽容度	1:64~1:128	1:8~1:16 左右	1:32~1:64

各种性能之间的相互关系

表 5-10

	负片	反转片	正片和相纸
最小密度	比较高		低
反差系数	低	中等	高
ISO 感光度	高	高	低
宽容度	大	比较大	小
颗粒度	大	比较大	小
分辨率	比较低	比较低	高
清晰度	比较低	比较低	高

实验一:彩色负片或反转片的感光性能测定

一、实验目的

1. 掌握彩色负片或反转片感光性能的测定过程和方法。

2. 掌握所测定胶片的感光性能。

二、实验器材

包括感光仪、密度计、彩色普通摄影负片或反转片、冲洗药液(或送洗)。

三、操作步骤

1. 曝光楔。

2. 冲洗(或送彩扩店冲洗)。

3. 计量光楔各级的密度。

4. 画曲线。

5. 求性能(最小密度、反差系数、感光度、宽容度)。

四、实验结论及分析

根据实验数据分析感光胶片的性能优劣。

实验二:比较分析两种不同型号或不同品牌胶片的感光特性

一、实验目的

学会通过感光测定方法和实际拍摄分析比较不同感光胶片性能的异同。

二、实验器材

包括感光仪、密度计、照相机、两种彩色负片或反转片、冲洗药液。

三、操作步骤

1. 将两种胶片分别在感光仪上曝光。

* 步骤 2~5 同实验一。

6. 拍摄带灰板的中近景人像,记录景物亮度、曝光条件。

(1) 测光方法:用测光表计量反光率为18%的灰板的亮度值,按胶片推荐的感光度确定正确的曝光组合。

(2) 曝光:以正确的曝光组合为基准拍摄一幅,再分别以 1/3 或 1/2 挡光圈之差递增、递减各拍 3 幅。拍摄时,应在画面中做出标识,如,"曝光正确"、"过度 1/2 挡"等。

7. 冲洗:用 C-41 工艺冲洗已曝光的彩色负片(或用 E-6 冲洗彩色反转片)。

8. 计量每幅画面中灰板的密度以及最小密度。

以灰板密度数据符合或接近 $D_{0+0.7}$ 为实用感光度标准,确定和比较所用胶片的实用感光度。

9. 放大(反转片不做此项):用拍好的底片按各自的最佳条件放大照片。

四、实验结论及分析

比较用同一胶片在不同曝光条件下产生的画面层次及影调的异同;比较在相同拍摄、冲洗条件下不同胶片上影像的差异,得出相应的结论。

习 题

1. 最小密度对影像质量有何影响？哪些因素影响最小密度？

2. 景物反差、影像反差和反差系数之间存在何种关系？哪些因素影响影像的反差？

3. 为何要用平均斜率？

4. 如何求取常用感光材料的感光度？

5. 影响感光度的因素有哪些？

6. 胶片的感色性对影像质量有哪些影响？

7. 宽容度在摄影过程中有何作用？

8. 在哪些情况下容易出现互易率失效？

9. 颗粒度、分辨率、清晰度是如何定义的？它们对影像质量有何影响？

10. 从模量传递函数上可以得到哪些有关感光材料的信息？

11. 不同种类的感光胶片在性能上有何差异？

12. 最小密度对影像质量有何影响？哪些因素影响最小密度？

6

影像质量的评价方法

□ 影像质量评价伴随着摄影影像的诞生而出现，评价内容从黑白影像到彩色影像，从整体影调到局部细节，从定性到定量，从主观到客观，且越分越多，越分越细。参与评价的人涉及到了方方面面，欣赏和检测的水平不断提高。人们对影像质量的关注，促使感光材料不断发展，才从达盖尔时代走到了今天。

影像质量评价的意义

目前,影像质量评测已经成为影像科学体系中的一个重要组成部分。感光材料、摄影设备生产厂家通过对影像质量的评价来检测产品的性能和质量,依此作为改进感光材料、摄像设备等的依据;摄影师和洗印部门通过影像质量的评价来监测和控制拍摄和冲洗工艺,对摄影人员的操作技术提供一定的指导;与影像打交道的影赛评委、报刊编辑也都是影像质量评价的行家里手,即使是欣赏自己所摄的照片,也不乏评价的意味在其中。

从某种程度上说,影像质量评价担当的角色是鉴定影像质量的"法官",用于比较和鉴定影像质量的优劣,这既是影像评价的出发点,也是最终的归宿。

高质量地获取被摄体的影像是摄影创作的最终目的。然而,为实现这一目的的摄影创作却要涉及光信息记录和传递的复杂过程。通过科学的方法,对成像过程中影响影像质量的各种因素进行分析评价,确定造成影像质量或优或劣的原因,并以此找到相应的对策,实施对摄影各个环节的监测,确保最终获得最佳的影像质量。

影像技术质量的评价方法

影像质量的优劣主要取决于四个因素:影调、色彩、颗粒度(噪声水平)和细部(包括清晰度、质感、信息容量等)。每幅作品都是这四个因素共同作用的结果。就一般意义来说,大部分优质画面的密度和反差应当是适中的,颗粒细腻,能承载很多的细节,影像层次丰富清晰。对于色彩,依据影像的不同用途,其要求有所不同,以记录为目的时,希望影像色彩尽量接近原景物,越真实越好;而以艺术创作为目的时,则往往偏重于画面色彩的优美再现,色彩会和原景物有所偏离。当然,这种优美再现是以真实性为基础的,实验证明,偏离原景物太多的色彩再现并不能被观众所接受。

摄影影像的实现,体现了多种设备器材的性能、操作人员的水平和加工工艺的控制等方面的关系。用物理计量得到的有关数据,如反差系数、颗粒度、MTF 曲线等技术参数,可以用来建立最佳的摄影及加工条件。

由于影像的获得,经历了从景物到影像的多环节信息传输过程,观众一般不可能将得到的影像和原景物进行直接比较,大多凭借对景物的记忆来对照片质量进行评定,加上观看者的喜好倾向有所不同,对一幅影像的评价往往会有很大的差别。而且,景物是立体的,影像却是二维的。因此,影像质量的评价是很复杂的问题。

影像的评价分为客观评价方法和主观评价方法两种。

客观评价方法

影像质量的客观评价方法是借助于客观的物理计量手段,利用测量到的数据进行分析比较。在有关影像科学的学术研究中,常常需要这种严格规范的方法。一般要借助于特定景物和特定仪器,如标准光楔、灰板、色板等,在特定条件下,经过拍摄、冲洗和对正像画面的印放及冲洗工序得到影像,再利用密度计、色度计等仪器,计量影像各个部位的密度或色度值,获取相应的数据,用于分析和比较相应的影像质量。

感光特性曲线的形状和反差系数等常用来研究和影调相关的问题;颗粒度的数据被用于对影像颗粒性的分析;清晰度、分辨率和模量传递函数等是用来表述影像细部质量的优劣;计量得到的色度是用于分析有关色调的问题。

利用各种数据来分析影像质量,由于抛开了观看者的主观倾向,因此比较客观。在有关影像科学的学术研究中,常常需要这种严格规范的方法。但是仅有客观评价方法还是不够的,因为画面的制作目的是供人观赏的,人们对画面的观赏必然要受到人眼生理结构和心理功能的影响,而由仪器测量的客观数据常常很难把这些因素包括在内。

主观评价方法

采用主观评价的方法来评价影像质量的优劣,是一种广泛使用的方法。

影像质量的主观评价方法是通过人的视觉感受,对经过特定的技术设备、感光材料以及照明光源获得的影像质量做出评价。但是,人的视觉感受受到人眼的生理结构以及心理因素等的影响,所以在对影像做出评价之前,应对人的视觉功能有所了解。与此相关的问题参见本章第四节内容。

◎**记忆的作用** 人的大脑好似一个深不见底的资料库,从记事起的所见所闻都有可能从中找出。每幅"画面"被大脑处理后,一些和主题无关的细枝末节可能被遗忘了,但其重要细节却比实际所见的强化了,所以,回忆起来的"被摄体"往往比真实的形象更鲜明。

在影像评价过程中,记忆的作用不可低估。实际上,很少有人会拿着摄影作品去和原景物进行比较,而是根据记忆来判断的。最有代表性的例子就是,人们在拿到一幅摄影作品时,判断色彩正常与否的一个重要依据,就是人们生活中经常见到而又很熟悉的景物颜色,如人脸的肤色、蓝天、绿草等。这些颜色被称为记忆色。若照片中的这些色彩和记忆中的色彩一致或相近,人们就会认为这幅照片的色彩是优质的。即使是摄影大赛的评委,也不可能脱离个人的记忆去品评他人的作品。好在大多数人对色彩的体验和记忆都比较接近。感光材料的研制开发,也充分注意到了这一点。

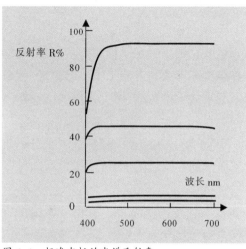

图6-1 标准灰板的光谱反射率

但是,也有不考虑记忆问题的时候,比如在放大制作多幅彩色照片或印刷品时,影像原件或样稿常常就是用于鉴定放大影像或印刷品质量的参照物。

◎**标准灰板和色板的作用** 标准灰板是能对波长在400~700纳米内各个波段的色光作出非选择性吸收的特定景物,一般包括6块反光率不同的灰色块,其反光率是已知的。标准灰板的光谱反射率参见图6-1。

在色板中,色块选取的是自然界景物中有代表性的色彩,包括了人们关注的肤色、植物的色彩、蓝天以及6块灰板等,共24块。这些色块是经过严格挑选后确定的。如图5-12所示的GretagMacbethse色板中就含有24种色彩,列于表6-1中。

表6-1 标准色板的色块名称

1. 深肤色	2. 浅肤色	3. 蓝天色	4. 绿叶色	5. 蓝色花	6. 蓝绿色
7. 橙色	8. 蓝紫色	9. 浅红色	10. 紫色	11. 黄绿色	12. 橙黄色
13. 蓝色	14. 绿色	15. 红色	16. 黄色	17. 品红色	18. 青色
19. 白	20. 浅灰	21. 浅中灰	22. 中灰	23. 深灰	24. 黑

将标准灰板和色板拍摄在画面中,在底片、照片或透明正片冲洗完成后,可直接通过视觉评价所拍摄的正像画面的质量,也可计量底片、正片的灰板的密度值或色度值和标准值进行比较。

◎**评价手段** 主观评价的手段分为以下几种。

●**等级排列法** 正像画面多为照片,在观赏、评价时不需要专门的仪器设备。若需要评价的照片数量不是很多,可以将照片摆放在观察者面前,让每位观看者按照各自的标准,把同时呈现的照片从最优到最劣排列出来。然后,将众人对同一幅作品的评价结果进行归纳计算,从而得出每幅照片等级的平均值。

在对照片做出评价之前,组织者要将评价的项目,如颗粒性、色彩和综合效果等告知参评者。但要注意,不要有意无意流露对某些画面的好恶,以免诱导参评者。

例如,让10位观察者评价7幅照片A、B、C、D、E、F、G,每位观察者按自己的标准,将照片按优劣排列成序,归纳成表6-2。

表6-2　各观察者对7幅照片的评分情况统计

	第一名	第二名	第三名	第四名	第五名	第六名	第七名
观察者1	B	C	G	E	D	F	A
观察者2	G	E	B	C	F	A	D
观察者3	G	B	C	E	F	A	D
观察者4	B	G	E	D	C	F	A
观察者5	E	B	G	F	A	D	C
观察者6	G	C	B	A	F	E	D
观察者7	G	B	E	D	F	C	D
观察者8	E	B	G	F	C	A	A
观察者9	G	B	E	A	F	C	D
观察者10	G	B	E	A	F	C	D

为了能排出名次,设第一名得7分,第二名得6分,依此类推。计算出各幅照片的总分,按总分的高低排出名次。得票分布情况见表6-3。最后,按分数排出名次。

表6-3　7幅照片的得分情况统计

得票情况	A	B	C	D	E	F	G
第一名得票	0	2票	0	0	2票	0	6票
第二名得票	0	6票	2票	0	1票	0	1票
第三名得票	0	2票	1票	0	4票	0	3票
第四名得票	3票	0	1票	2票	2票	2票	0
第五名得票	1票	0	2票	1票	0	6票	0
第六名得票	3票	0	3票	1票	2票	2票	0
第七名得票	3票	0	1票	6票	0	0	0
总分	24分	60分	36分	19分	50分	30分	63分

第一名	G
第二名	B
第三名	E
第四名	C
第五名	F
第六名	A
第七名	D

●**对比法** 若需要评价的照片数量不是很多,可将照片进行两两成对的比较。先由观察者依自己的标准评价出哪一个更好些,这种做法得到的结果比较可靠。评分可用7级比较级的方式。

但这种评价方式比较麻烦,也费时间,并且因观察时间过长,容易引起观察者的视觉疲劳而影响实验结果。

●**逐一评分法** 依次呈现每幅影像,每呈现一幅,每位观察者都按优、良、中、差、劣5个等级进行评分。分数可按百分数,也可按5分制。然后将每幅照片的得分加起来进行比较。

这种方法适用于图像不能同时呈现的场合。采用这种方法,众人可同时进行评价,因而可以节省时间。采用这种方法时,应注意观察者人数必须足够。

●**评价等级划分方式**

按质量级别划分:

质量级别	优秀	好	一般	差	劣
分数	5分	4分	3分	2分	1分

按损伤级别划分:

损伤程度	感觉不到损伤	感觉到,但能接受	轻微讨厌	讨厌	很讨厌
分数	5分	4分	3分	2分	1分

按比较级别划分:

好得多	较好	稍好	相同	稍坏	较坏	坏得多
+3	+1	+1	0	−1	−2	−3

影像评价时的观看条件

观赏影像是影像记录和传递的最后一个环节。观看的环境条件是十分重要的。在不同的照明条件下,影像的观看效果是有所不同的。虽然人眼有很强的视觉适应能力,但光源的色彩再现指数和光强对观看效果都有影响。例如,曾有人将相同类型的照片展示在不同的场所——门厅、办公室、电话亭以及低照度的房间中,经比较发现,展示在电话亭中的照片是最令人赏心悦目的。如果制作的影像能在低照度房间中看起来比较舒服,那么把它放到高亮度的场所,就会显得很苍白。许多照相馆给顾客印放照片时,在一般情况下都将密度值控制得比较低,因为这种密度很适合顾客观赏照片。因此,在评价或鉴定照片质量时,应该有相应的标准。

观看的物理条件

◎**照片的观看条件** 目前国际通行的观赏照片的光源多为日光（含紫外光）型光源，色温接近5000K，这和人们日常所处的照明光源较为一致。如果是用于照片的对比评价，照明强度应为2000±500勒克斯；如果是自己对照片做常规的检测鉴定，光照强度应为500±125勒克斯。

◎**彩色幻灯片和电影拷贝的观看条件** 彩色幻灯片和电影拷贝的观看条件与照片的观看条件有所不同，因为它们是在暗环境下观赏的。例如，电影拷贝的观看条件，其光源色温为5400±400K，银幕亮度应达到55±7坎德拉每平方米，环境亮度在10~17坎德拉每平方米的范围内。

对参评人员的要求

◎**对参评人员的比例要求** 采用主观评价应注意的问题是，主观评价虽然直观，但受到人眼生理结构和心理功能的影响，参评人员不可避免地存在个体差异，而且这种差异还可能很大，所以不能严格地量化。个人不同的倾向会对一幅影像的影调和色调再现的评价产生很大的差别，甚至出现对立的意见。因此，要使主观评价的结果具有公正性和可靠性，参评人员必须达到一定的人数，应当有专业人员和普通观众共同参与。专业人员参评的出发点和目的性不完全一样，他们往往对某些方面要求比较苛刻，而普通观众只关心最终的影像能否被接受，所以应视评价的目的来决定参评人员的比例。

◎**对参评人员人数的要求** 一般至少要在30人以上，专业人员应占三分之一，普通人员占三分之二。对评价结果要进行统计，这样才能得到可靠、公正的评价结果。

◎**对参评人员视觉功能的要求** 参评人员应该具备功能正常的视觉器官，这是评价影像质量必备的生理基础。众所周知，影像中的每个精彩瞬间都是经过相机镜头记录在感光胶片上的，这是一个物理化学过程，而我们的视觉感受却不那么简单，既有人眼的生理功能在起作用，也有记忆功能和心理因素的影响，因此，人们对景物的感觉就不及胶片那么"客观"。不少摄影者因为对人的视觉所具有的这种特点"熟视无睹"，致使在某些情况下创作失误或对影像质量判断失误。因此，人眼的视觉功能应当受到关注。

人眼的基本功能和视觉特性

　　人眼是人们获取信息、传递信息和表达信息的重要途径。据统计，由人眼获得的信息占人们从各种渠道获得的信息总量的 80%，人眼还可以传递用语言难以表达的信息。对人类视觉器官的构造、机理以及视觉理论的研究始终是一门非常重要的学科，至今仍很活跃。

　　在感光材料、摄影设备的发明和发展过程中，科学家们始终在努力探讨人眼和大脑对景物的亮度和色彩的感受方式，并"模拟"人眼的功能，利用充满奥妙的物理光学、化学等原理，通过反复试验，力求让感光材料和摄影设备所摄的影像，得到人类视觉的认同。

　　摄影和图像工作者很有必要对人眼的构造和基本视觉过程有所认识和研究，因为这是彩色感光材料设计以及影像技术和艺术的基础。

人的视觉器官及基本功能

　　◎ **人眼的基本构造**　　人们常常把正常的人眼比作一架十分精密的相机。的确，人眼和相机有很多相似之处，但也有不少差异。

　　人眼的结构相当复杂，其形状近似于一个球状体。这个球状体主要包括角膜、晶状体、睫状肌、虹膜、折射率为 1.336 的透明玻璃状液体以及视网膜巩膜、脉络膜(chorioid)和视神经等。它们被巧妙地组合在一起，使眼睛具有了透镜、传感和记忆等功能。其中角膜、晶状体、虹膜以及视网膜等对视觉系统的成像起着很重要的作用。

　　◎ **人的视觉器官的功能**

　　● **人眼的"透镜"功能**　　人眼的透镜功能主要靠的是晶状体和角膜。

　　角膜是位于眼睛最前方的一层透明组织，大约有 1 毫米厚，它覆盖了整个眼球表面的 1/6。射入人眼的光线首先在此聚焦。角膜富有弹性，并含有很多感觉神经纤维，它的曲度可由晶状体结构调控，因此具有屈光性和易变性焦点。

　　除了角膜以外，眼球壁内也含有屈光物质，其中晶状体为一扁球状的透明体，形状与相机内的镜头很相像，只是介质不同。相机中镜头的两个表面都处于空气介质中，而人眼中角膜的一个表面处于空气中，另一个表面及晶状体的表面则都处于房水和玻璃状透明介质之中。另外，晶状体前后的曲率半径不同，前面的半径大于后面的半径。相机的镜头没有弹性，而人眼"镜头"具有弹性，其厚度大约

3.6~4毫米,直径约9毫米,焦距约20毫米,"镜头"的表面曲度,即晶体的屈光程度由周围睫状肌的松弛或收缩来调整,而表面曲度的变化会导致"镜头"焦距发生变化。正常成人的晶状体"镜头"焦距的变化幅度大约在18.7~20.7毫米之间。这种调节能力使人眼能将远处和近处的景物聚焦到视网膜上。看远处的景物时,睫状肌处于松弛状态,水晶体呈扁平状;看近处的景物时,睫状肌处于紧张状态,晶体表面的曲率加大。而相机镜头的曲率是固定的,它是通过相对于胶片的前后移动来对不同距离上的景物进行聚焦。

在相机上有用于调节进入相机光量的光孔,人眼中也有相似的"装置",那就是位于晶状体前方的虹膜。虹膜的中间有一圆孔,称为瞳孔,根据人眼周围环境光照明的变化,虹膜组织内的肌肉会使瞳孔的直径在2~8毫米之间变化,借以自动调节进入眼睛的光量。照明光的亮度越高,光孔的直径会缩得越小。人眼的瞳孔可以在f/10.4~2.3之间变化。瞳孔开得越小,景深越深,使人更容易在明亮的条件下对近距离的景物调焦。

人眼"镜头"的视角很大,如果不被鼻子、眉毛和颧骨限制的话,视角应该有180°。即使有这些限制,由于人有两只眼睛,加在一起仍可以在水平方向提供180°的视角,比普通相机广角镜头的视角还大。

●**人的视觉器官具有的"传感"功能——视网膜上影像的形成**　视网膜相当于相机内装胶片的感光乳剂层,当眼睛观看景物时,景物发出的光线穿过角膜、晶状体、玻璃体等聚焦到视网膜的中央窝上,到达视网膜上成像,这就像光线照射到相机内的胶片上形成潜影一样。有一部分未被感光层吸收的光子,则被上皮细胞吸收,防止了这部分漫射光的折返,避免影像质量的降低。

但是,人眼看到的并不是视网膜上的"潜影",正常人眼的锥体细胞和柱体细胞会将信息通过复杂的传导系统传递给大脑的高级视觉中枢,这样,人眼才能对被视景物产生形状、大小、色彩等的视觉感受。

●**视觉器官的记忆以及综合功能**　彩色影像的形成是从物理过程开始的,但是,构造复杂的眼睛只相当于相机的镜头和底片,只有大脑才能解释其信号。

眼睛对光线的折射作用和相机镜头基本相似,如果被摄体中有多个点光源,这些光源的光线在进入人眼后,会汇聚到视网膜的不同位置上,结果会在视网膜上形成一个和原景物相比左右相反、上下颠倒的影像。

我们之所以看到的景物并不是上下颠倒、左右相反,而是正常的,是因为人眼的成像不仅是一个简单的光学作用过程,光线的刺激作用到视网膜上的感光细胞后,并不意味着成像过程的结束,还要以神经冲动的形式传达到大脑皮层。在传导过程中,空间关系得以改变。心理学实验证明,人的视觉以所视的客观景物为依据,但并不单纯由视网膜接收的信号决定。人的视觉感受是人的各种感觉器官共同作用的结果,包括了人的记忆功能、心理作用等。

人的视觉特性

人眼本身并不能包括视觉机构的全部。进一步研究表明,不同波长的光转换为彩色视觉时,在很大程度上是视神经和人脑的作用。

◎**明视觉与暗视觉** 视网膜上的锥体细胞和柱体细胞具有不同的功能。锥体细胞能在明亮的条件下分辨所视景物的细节,也能分辨景物的色彩,被称为"锥体细胞视觉器官"或"明视觉器官"。柱体细胞能在比较暗或微光条件下分辨所视景物的形状和轮廓,但不能分辨景物的色彩,被称为"柱体细胞视觉器官"或"暗视觉器官"。

当人从明亮的环境(亮度水平在 1 坎德拉每平方米)转移到较暗的地方(亮度水平在 0.001 坎德拉每平方米以下)时,起作用的视觉器官发生转换,视觉感受由明视觉改为暗视觉。人们在明亮的条件下可以看到各种色彩,当亮度逐渐降低到某一程度时,人眼便不再看得见色彩,只能看到明暗不同的消色。当亮度水平在 0.001~1 坎德拉每平方米之间时,锥体细胞和柱体细胞都在起作用,称为中间视觉。另外,在亮度水平大于 1 坎德拉每平方米的明亮环境中观看大面积景物时,柱体细胞也起作用。因此,在评价影像质量,特别是评价色彩时,应当在亮视觉器官能正常工作的环境下进行。

实验证明,人眼对不同波长可见光的感受不同。锥体细胞对光谱中约 555 纳米的黄绿光敏感性最强,而柱体细胞则对 510 纳米的蓝绿光最敏感(参见图 6-2)。由于人眼存在着个体差异,包括视网膜黄斑处的黄色素密度不同,对短波光的吸收能力就会有所不同。另外,当人眼老化时,晶状体变黄,对短波光的吸收也会有所增加等,因此,每个人对明视觉和暗视觉的感受不完全相同。这

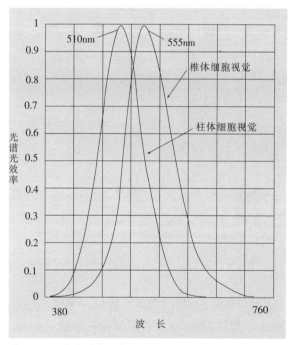

图 6-2 视觉光谱光效率

就是在评价影像质量时,应考虑到个人的评价结果可能有所偏颇的原因。

◎**彩色与明暗视觉** 人眼之所以能区别不同的色彩,主要是因为视网膜中锥体细胞所起的作用。柱体细胞对光谱的敏感度都一样,所以不能区别色彩。由于在黑暗中只有柱体细胞起作用,这就使人眼在黑夜不能分辨色彩。

锥体细胞集中在视网膜的中心,按照三原色视觉理论,锥体细胞具有三种感色单元,有对波长约在400~500纳米的蓝光敏感的感蓝单元,有对波长约在500~600纳米的绿光敏感的感绿单元,还有对波长约在600~700纳米的红光敏感的感红单元。我们之所以能看见色彩,就是因为对不同色光敏感的锥体细胞受到了光谱成分不同以及强度不同的光线的刺激。

锥体细胞中的三个感色单元不仅对某一单色光敏感,而且存在着相当大的重叠区。例如,蓝色锥体细胞也能对光谱上与蓝色相邻的紫色和绿色有反应,绿色和红色敏感锥体细胞也一样。

实际上,光谱中大多数波长的光线都能刺激不止一种锥体细胞,只是刺激的强度并不完全一样。例如,550纳米波长的光线使锥体细胞的感绿单元受到强烈刺激,同时也使感红单元受到弱刺激。而600纳米波长的黄光则使感红单元受到的刺激远比感绿单元强烈。

色盲患者之所以看不到色彩,原因就是视网膜上锥体细胞的功能不健全或细胞退化所致。夜盲患者则是因为柱体细胞缺少感光物质,在较暗的条件下视物困难。另外,有一些只有柱体细胞的动物(如一部分爬虫),它们的活动在夜间进行,一些只有锥体细胞的动物(如大多数鸟类)则在白天活动。由此可见,参与拍摄和参评人员的视觉功能必须是健全的。

◎**视觉分辨率** 人眼对细节的分辨能力,即视觉分辨率并不很高,在正常照明条件下测试统计的结果表明,对于亮暗反差比值为100:1的分辨率标板,正常人眼可以识别20~30条线对/毫米。在评价影像质量时,如果影像中的颗粒不够细腻,被人眼所分辨,就会产生不均匀的感觉。因而,在设计感光材料时,应保证影像颗粒的尺寸足够小,才能使其分辨率高于人眼的视觉分辨率,给人以细腻的视觉感受。

◎**人眼的适应能力** 在有些场合,我们的眼睛感觉光线很明亮,可拍摄下来的影像却相当暗;有的景物,在人眼看来色彩鲜艳夺目,拍摄到画面上却面目全非。这就是人眼和感光材料的区别所在。人眼的"视觉适应"表现在很多方面。

●视觉的全面适应

1.亮度视觉的全面适应。亮度视觉的全面适应首先表现在,当人们从室外走入室内时,常常感到室内和室外景物一样亮,反之亦然。但是,如果用与室外拍摄相同的光圈和曝光时间来对室内景物进行拍摄,却会发现,在室内所摄的照片因曝光不足而显灰暗。这是因为,当人进入室内时,室内的低照度会使人眼瞳孔扩张，灵敏度提高，使进入人眼的光量成倍增加，多时可达十几倍，因而意识不到光照的变化。这就是人眼的"亮度全面适应"。而胶片却不具备这种调节功能。因此，从摄影的角度看，由于人眼的调节幅度很大，往往不能正确估计光照的实际强度，这对摄影创作是不利的。解决的办法是，在按下快门之前要用测光表测光，对相机的光圈和快门速度做必要的调整，以补偿胶片所不具有的"亮度适应"。

2. 色觉的全面适应。相应地，人眼对色彩的感受也存在着"色觉全面适应"的现象，在不同的照明条件下有不同的表现，如日光和灯光、晴天和阴天、早晨和黄昏，虽然光源的光谱成分发生了变化，但由于人眼视网膜上感光细胞的灵敏度所具有的自我调节功能，使人眼看不出景物色彩有多大的变化。加之人对景物在白光下的颜色是有记忆的，因此，当光源有所改变时，心理作用会使人们对景物色彩的变化不易察觉。这时千万要记住的是，胶片并不具有这种适应能力，因此要根据光源的变化选择不同种类的胶片，或使用相应的滤光镜进行校正，否则会出现色彩偏差。

● **视觉的局部适应**

1. 亮度视觉的局部适应。视觉适应的另一表现为"亮度视觉的局部适应"。例如，视野中有一个相当亮的景物，人眼对它长时间凝视后，由于视网膜上这一局部的感光细胞疲劳，灵敏度下降，再将目光移到另一个浅色反光表面时，就会给我们留下一个该景物暗的"后像"。反之，在注视一个黑色景物后，将目光移到另一个浅色反光表面时，就会给我们留下一个该景物的白色"后像"。随着灵敏度的再次调整，"后像"会渐渐消失。

2. 色觉的局部适应。人眼若长时间凝视一个彩色景物，再将目光转移到另一个平面时，就会产生一个和该景物色彩相反的"后像"，如凝视的是一个红色景物，它留下的后像的颜色就近乎青色，这种现象称为"色觉局部适应"，也称"色后像"。

认识这种适应性的实际意义在于，如果在长时间凝视一幅画面后再观察下一幅画面，那么前一幅画面的"后像"就会叠加到后一幅画面上，对其亮度和色彩产生影响。这一点可谓有利有弊。在第二幅画面出现之前，在前一幅画面中展现与其互补的色彩，会令第二幅画面的色彩显得更鲜艳。而在为照片校色或评价影像的色彩时，则要尽量避免长时间注视一幅画面，防止因视觉疲劳导致灵敏度下降，对色彩判断失误。这就是为何采用"对比法"评价影像质量时，画面数量不宜太多的原因。

● **视觉的旁侧适应**

1. 亮度视觉的旁侧适应。亮度视觉的旁侧适应也称为"同时亮度对比"。视网膜上的感光细胞会受到相邻面积的亮暗影响，当黑、白、灰同时存在于同一个画面中，会产生不同的亮度对比效果。例如，亮的景物在暗背景上显得更亮，暗的景物在亮背景上显得更暗，见图6-3A。

图6-3A　背景亮度对消色物体亮暗的影响(彩)

图6-3B　背景色对消色物体色彩的影响(彩)

2. 色觉的旁侧适应。在彩色摄影中,视觉的"旁侧适应"也应引起我们足够的重视。在画面中,如果相邻的面积为不同的颜色,人眼视网膜上不同部位感光细胞的灵敏度调节,会使视觉发生变化。其规律是:前景物体的色彩会向着背景的补色方向变化。

例如,把消色物体置于彩色背景前,消色物体的色彩就会偏向背景色的补色。如,在蓝色背景前的灰色块偏向黄色,在绿色背景前的灰色块偏向品红色,在红色背景前的灰色块偏向青色,参见图6-3B。

又如,将彩色物体置于彩色背景前,背景色的影响会使彩色物体的色调受到不同程度的影响。在橙黄色背景前的黄色块和在蓝色背景前的黄色块相比,后者的色彩饱和度更高些,显得更鲜艳;同样,在草绿色背景和品红色背景前的绿色块给人的视觉感受也不同,在品红色背景前的绿色显得更鲜艳。

图 6-4　背景色对彩色物体色彩的影响(彩)

图 6-5　正常的人脸肤色(彩)

图 6-6　红背景下人脸的肤色(彩)

图 6-7　蓝背景下的人脸肤色(彩)

依此类推,在与彩色物体互补的背景色前,物体的色彩会显得更饱和、鲜艳,参见图6-4。

在摄影过程中,应充分注意背景色对主体色彩的影响。例如,不可忽视背景色对人脸肤色所产生的影响。如图6-5表现的是正常的人脸肤色。图6-6是在红背景下的人脸肤色,很明显,肤色偏向红色的补色——青色。图6-7是在蓝背景下的人脸肤色,色彩偏向蓝色的补色——黄色。在这种情况下,为了得到色彩正常的影像,需要对人脸进行补光。另外,在装裱黑白照片时,应考虑亮暗背景对影调的烘托作用;在正像画面中制作字幕时,如果希望得到醒目的效果,应充分利用字幕和背景的互补效果。

实验一:试用影像评价的方法对第五章、第七章实验中的实验结果进行分析。

实验二:结合第五章、第九章的实验内容,体会有关视觉适应在摄影实践中的作用。

习 题

1. 为什么要评价影像质量?
2. 从哪些方面评价影像质量?
3. 如何评价影像质量?
4. 评价影像质量的观看条件有何要求?
5. 人眼具有哪些视觉特性?

7

冲洗条件及对影像质量的影响

□ 用相机拍摄画面，只是摄影工作的开始，以照片的拍摄制作为例，如果把摄影过程粗分为拍摄、负片冲洗、底片印放和最终照片冲洗这4个步骤的话，那么拍摄只是第一步。接下来，如果能在暗房中按照自己的意愿控制冲洗、放大的全过程，最终得到佳作，则更令人神往。这也意味着，摄影者不仅要了解各种感光材料的冲洗工艺和实施方法，能把冲洗工作做得十分规范和完善，还要懂得利用哪些手段才能改善影像质量；而且还要通过分析影像质量准确判定冲洗操作是否得当。本章主要介绍常用的胶片和相纸的冲洗工艺以及控制、影响影像质量的因素等。

感光材料的常规冲洗工艺

曝光之后的卤化银感光材料上没有肉眼可见的影像,一般需要经过显影、定影及水洗等化学加工工序,彩色片还要有漂白等工序,方能将潜影放大到可见的程度,而且得到的是持久的影像,这样的高倍率放大是靠显影来完成的。因此,不论使用哪一种冲洗工艺,显影的作用都是不可低估的,尤其对显影条件的控制是很关键的,控制得好,会给画面增色,若失控的话,有可能使前期拍摄毁于一旦。

多年来,感光材料的生产厂家花了很大的精力研究冲洗配方和工艺,以使各自的产品性能得到最佳的体现。很多摄影者为了提高和改善影像的技术质量,也在摸索适合自己工作条件的配方。经过几十年的实际使用和改进,加上感光材料制造工业的逐步集中,洗印加工逐渐走向工业化,摄影和电影洗印加工企业已经采用了经过筛选得到大家公认的典型配方和工艺, 从而改变了人们各自用显影配方和工艺来"挖掘"感光材料的优点的旧观念。

目前感光材料的冲洗加工已经达到了以下标准:

1. 有了公认的、基本统一的显影液配方。如冲洗黑白负片以 D-76 为基本配方,冲洗黑白正片以 D-72 为基本配方。这些冲洗彩色电影和普通摄影负片的配方都是经多年来大量的研究工作和实践筛选后,被公认为性能良好的配方。

2. 冲洗工艺的统一。如彩色普通摄影负片采用的 C-41 工艺以及彩色反转片采用的 E-6 工艺都是比较成熟的工艺。

本章主要涉及的是常规的冲洗工艺, 所谓常规的冲洗工艺指的是感光材料正常的冲洗工艺。例如,反转片的常规加工工艺是 E-6 工艺,而反转负冲则被视为非常规的冲洗工艺。

黑白负片、相纸的冲洗

黑白负片和相纸(或正片)的冲洗多为手工冲洗。除了大型专业冲洗店外,一般使用显影罐冲洗黑白负片,用浅盘冲洗黑白相纸。

黑白负片和相纸的冲洗程序为:

1. 显影,曝光部分的卤化银和显影剂发生反应,生成组成影像的黑色银原子。

2. 停显,用酸性药液使胶片所带的显影液的碱性被中和,使显影终止。这一步常常被水洗所代替。

3. 中间水洗,短时间漂洗,尽量避免将显影液带入定影液中。

4. 定影,使未曝光部分的卤化银从胶片上溶解下来。

5. 最后水洗,冲洗掉吸附在胶片乳剂中的残余药液,主要是定影液。

6. 干燥。

显影温度、显影时间、显影液配方、搅动方式和频率依感光材料的品牌不同而有差异。

黑白反转片的冲洗

黑白反转片的冲洗程序为:

1. 首次显影,曝光部分的卤化银和显影剂发生反应,生成黑色的银。影像的最终密度和反差主要由这一步决定。

2. 中间水洗,除去乳剂所夹带的显影剂(还原剂),这样做,一是起停止显影的作用,二是防止它和漂白液(氧化剂)作用,消耗和污染漂白液。

3. 漂白,除去组成负像的银,使胶片上只留下未曝光的卤化银。

4. 水洗,洗掉漂白液,防止带进下一种药液。

5. 除斑,除去漂白后留在胶片上的副产物。

6. 水洗,洗掉除斑液,防止带进下一种药液。

7. 二次曝光,使未曝光的卤化银全部充分曝光。

8. 二次显影,将二次曝光的卤化银变成可见影像。

9. 定影,使未曝光部分的卤化银从胶片上溶解下来。

10. 最后水洗,冲洗掉吸附在胶片中的残余药液。

11. 干燥。

彩色照相负片的冲洗(C-41工艺)

彩色负片的通用冲洗工艺为C-41。手工冲洗和机器冲洗均可,一般多采用机器洗片。在机器冲洗的条件下,显影温度、显影时间、显影药液的成分及搅动等都能得到严格的控制。

C-41加工工序:

1. 彩色显影。在这一工序中发生的反应参见本书第三章内容。

显影得到的彩色染料构成了最终的影像色彩。但在这一阶段,胶片看起来颜色很深,因为银颗粒尚存留在整个乳剂层中。

2. 漂白,在彩色负片的冲洗中,漂白液的作用就是将银氧化成卤化银,但仍存留在胶片上。

3. 水洗,除去漂白液。

4. 定影,作用同黑白定影。在有的工艺中,如彩色相纸的冲洗过程中,漂白和定影合为一道工序。

5. 最后水洗,清除胶片乳剂所含的定影液等。

6. 稳定,将胶片在稳定液中浸润一下,作用是防止胶片上的染料因水解而退色或成色剂变色。

7. 晾干。

C–41工艺的具体工序参见表7–1。

表7–1 彩色照相胶片的冲洗工艺流程

工序		冲洗温度	冲洗时间
1	彩色显影	37.8℃±0.2℃	3分15秒
2	漂白	38℃±3℃	6分30秒
3	水洗	38℃±3℃	3分15秒
4	定影	38℃±3℃	6分30秒
5	水洗	38℃±3℃	3分15秒
6	稳定	38℃±3℃	1分15秒
7	干燥	<43℃	

彩色电影负片的冲洗(ECN–2工艺)

彩色电影负片的冲洗采用的是ECN–2工艺,具体工序见表7–2。

由于彩色电影负片的背面涂有炭黑防光晕层,如果直接显影,就会使显影液受到污染,因此,在彩色显影之前,多了前浴等工序。其他工序的作用同上。

表7–2 彩色电影负片的冲洗工艺流程

工序		冲洗温度	冲洗时间
1	前浴	27℃±1℃	10秒
2	水洗	27℃~38℃	5秒

工序		冲洗温度	冲洗时间
3	彩色显影	41℃±0.1℃	3 分
4	停显	27℃~38℃	30 秒
5	水洗	27℃~38℃	30 秒
6	漂白	38℃±1℃	3 分
7	水洗	27℃~38℃	1 分
8	定影	38℃±1℃	2 分
9	水洗	27℃~38℃	2 分
10	稳定	27℃~38℃	10 秒
11	干燥		

彩色反转片的冲洗(E-6 工艺)

1. 首次显影。为黑白显影,三层乳剂每一层的曝光部位在显影后会形成由银颗粒组成的负像,在这一步骤不产生色彩。

2. 中间水洗。作用同 C-41 工艺。

3. 反转。停显后,要对胶片上未曝光的部位进行全面曝光,或利用化学反应使这些部位发生"灰化"。

4. 彩色显影。作用同 C-41 工艺。

5. 漂白。作用同 C-41 工艺。

6. 定影。作用同 C-41 工艺。

7. 最后水洗。作用同 C-41 工艺。

8. 稳定。作用同 C-41 工艺。

9. 晾干。

目前常规的彩色反转片的加工工艺采用的是标准工艺,称作 E-6 工艺(见表7-3)。为了获得正确的密度和色彩,显影时间和温度需要严格控制。使用洗片机冲洗反转片与手工冲洗相比,显影的温度和时间比较容易得到控制,药液成分也比较稳定,冲洗效果的可重复性好。因此,如果是经常并大量使用反转片的话,建议采用固定的机洗方式,以保证冲洗效果一致。要想了解所用反转片是否应该使用这种工艺,可以阅读胶片片盒上的标签。

表7-3 彩色反转片的冲洗工艺流程

工序		冲洗温度	冲洗时间
1	首次显影	38℃±0.3℃	6分
2	水洗	33℃~39℃	2分
3	反转	33℃~39℃	2分
(以下步骤可在白光下操作)			
4	彩色显影	38℃±0.6℃	6分
5	调整	33℃~39℃	2分
6	漂白	33℃~39℃	6分
7	定影	33℃~39℃	4分
8	水洗	33℃~39℃	4分
9	稳定	室温	30秒
10	干燥	不高于60℃	

彩色相纸的冲洗(EP-2工艺)

表7-4 彩色相纸的冲洗工艺流程

工序		冲洗温度	冲洗时间
1	彩色显影	32.8℃±0.3℃	3分30秒
2	漂定	30℃~34℃	1分30秒
3	水洗	30℃~34℃	3分30秒
4	稳定	30℃~34℃	1分
5	干燥	82℃~93℃	

彩色电影正片的冲洗(ECP-2工艺)

彩色电影正片采用ECP-2冲洗工艺。在印制电影拷贝或用彩色正片制作幻灯片时,需要用此工艺。工艺流程参见表7-5。

表 7-5　彩色电影正片的冲洗工艺流程

工序		冲洗温度	冲洗时间
1	前浴	27℃±1℃	10秒
2	水洗	27℃~38℃	1~2秒
3	彩色显影	36.7℃±0.1℃	3分
4	停显	27℃±1℃	40秒
5	水洗	27℃±3℃	40秒
6	首次定影	27℃±1℃	40秒
7	水洗	27℃±3℃	40秒
8	漂白	27℃±1℃	1分
9	水洗	27℃±3℃	40秒
10	声带显影	室温	10~20秒
11	水洗	27℃±3℃	1~2秒
12	定影	27℃±1℃	40秒
13	水洗	27℃±3℃	1分
14	稳定	27℃±1℃	10秒
15	干燥		

如果是用作幻灯片,首次定影、声带显影等工序可以略去。

冲洗药液的成分和功能

显影液的成分和功能

◎**显影的作用**　显影是将曝光后胶片或相纸上的潜影放大成可见影像的过程, 也就是将曝光的卤化银晶体中的银离子还原为银的过程。

显影在整个冲洗过程中十分重要,同一感光材料在不同显影条件下加工,其性能是不同的,比如选择的显影液不同,会使胶片的感光度、宽容度和反差系数有很大的差别。同时,既然显影是一个氧化还原反应,必然会受到温度等外界因素的影响。因此,只有严格控制显影条件,才能保证感光材料的性能和影像质量保持一致。

◎**显影液的成分和功能**　显影液中含有4种主要成分:显影剂、促进剂、保护剂和抑制剂。

●**显影剂**　显影剂是显影液的最基本组分。显影剂是还原剂,它应具备的条件是:

1. 具有比较适中的还原能力,既能有效地还原已曝光的卤化银,还要具备良好的选择性,能很好地把已曝光的卤化银与未曝光的卤化银区分开来。

2. 显影速度快,显影容量大。

3. 显影得到的影像颗粒细、感光度高、灰雾密度低。

4. 化学稳定性高,易于保存。

5. 不污染环境,不污染影像及器皿。

能满足以上条件的显影剂不多,目前常用的黑白显影剂有米吐尔、对苯二酚、菲尼酮(它们各自的特性参见表7-6),彩色显影剂有 TSS、CD-2、CD-3、CD-4。

表7-6　常用黑白显影剂的特点

显影剂	显影能力	获得影像的特点	用　途
米吐尔	在碱性极弱时即可显影,显影速度快,但密度和反差上升慢。对温度和溴离子不很敏感,保存性能好。	感光度高,影调柔和,层次丰富。	为负片显影液的主要显影剂。
对苯二酚	显影速度较慢,但影像出现后,密度和反差上升较快,对温度和溴离子很敏感,13℃以下几乎无显影能力。溴化物可抑制灰雾产生。	反差高,影调明朗,暗部层次较差。	为正片显影液的主要显影剂。
菲尼酮	单独使用时,显影能力较低,灰雾密度高。和对苯二酚一起使用时,显影速度快,用量少。对溴离子不敏感,稳定性好。	和对苯二酚一起使用时,感光度高,影调柔和,颗粒细,暗部层次丰富。	多用于负片显影液。

在实际使用中,常常将以上三种显影剂组合使用,如将米吐尔和对苯二酚合用,配制成的显影液称为 M-Q 显影液,将菲尼酮和对苯二酚合用,配制成的显影液称为 P-Q 显影液。两种显影剂一起使用,比单独使用的显影速度要快,而且对影像质量的不同影响,可满足人们对影像质量的不同需求。

近年来,很多厂家致力于环境保护,采用了抗坏血酸的衍生物作为显影剂。由抗坏血酸的衍生物配制的显影剂不同于米吐尔和对苯二酚显影液,它的氧化产物不会变成酱油色,同时对环境和人体都无害。如乐凯 HB 黑白系列冲洗套药,就采用了抗坏血酸的衍生物显影剂。

彩色显影剂 TSS、CD-2、CD-3、CD-4 都是对苯二胺类化合物。TSS 是用于早期的水溶性彩色负片和正片的显影剂;CD-2 是用于油溶性彩色正片的显影剂;CD-3 是用于油溶性彩色电影负片的显影剂;CD-4 是用于油溶性摄影负片的显影剂。

●**碱促进剂**　常用显影剂需要在碱性环境中才能起作用,碱性越强,显影速度越快,故称碱为促进剂。但是,显影速度越快,颗粒也越粗。

常规黑白负片显影,要求显影影像的颗粒越细越好,因此显影液多为弱碱性。正片、相纸的显影液则多为强碱性。彩色负片的显影剂活性比较低,因此采用较强的碱作为促进剂。

碱的种类及用量决定显影液的碱性强弱,在常用显影液中使用的碱性物质分别有:弱碱为硼酸盐、偏硼酸钠;中强碱为碳酸钠、碳酸钾;强碱为氢氧化钠。

●**保护剂**　之所以要加保护剂,是因为显影剂所具有的还原性在碱性溶液中容易被空气中的氧气所氧化。显影剂被氧化后,不仅导致显影剂的有效浓度降低,而且显影液被污染,进而污染影像。在黑白显影液中所用的保护剂是亚硫酸钠。亚硫酸钠在显影液中有以下作用:

1. 防止显影剂被氧化。

不含亚硫酸钠的显影剂溶液和不含显影剂的亚硫酸钠溶液都易被空气氧化,但两者混合后,氧化速度就会迅速降低,同时也就相应减少了对影像的污染。

2. 亚硫酸钠是 AgX 的溶剂,可起微粒作用。在彩色显影液中,除了亚硫酸钠之外,还要使用硫酸羟胺或盐酸羟胺。

●**抑制剂**　抑制剂通常又叫防灰雾剂,可以抑制灰雾的增长,并在一定程度上起到控制影像反差与调整显影密度的作用。防灰雾剂分无机物和有机物两种。使用最多的是无机物防灰雾剂。最常用的无机物防灰雾剂是溴化钾,使用量约在 1~15 克/升。

●**助显剂**　主要用于彩色显影液中。由于目前绝大多数彩色乳剂中的成色剂是油溶性的,不溶于水,为了提高生产效率,在彩色显影液中除了加入碱促进剂以外,还要加入能加快显影速度的助剂,称为助显剂。助显剂用于帮助溶于水中的显影剂氧化产物和溶于有机物中的成色剂更好地相互接触,从而提高反应速度,如彩色显影液中的苯甲醇。

●**软水剂**　用于配制显影液所用的水中。自来水常含有钙、镁等盐类,同时也可能含有铜和铁等有害杂质。钙、镁离子在碱性的显影条件下会形成白色沉淀,这些沉淀的主要成分是 $CaSO_3$,此外还掺杂一些 $CaCO_3$ 和 $MgCO_3$。这些沉淀能在胶片表面形成钙质网,并会在冲洗机的槽壁和滑轮上形成坚硬的污垢,因而划伤胶片,造成废品。因此,在用自来水配制药液时,需要加入软水剂。常用的软水剂有 M-19(六偏磷酸钠)和 M-23(乙二胺四醋酸二钠),两者均可将水中的钙、镁离子络合成可溶性化合物,后者还可络合来自水管和水龙头的铜、铁离子。三偏磷酸钠也是常用的软水剂。如果是用蒸馏水配制药液,可不用软水剂。

常用显影液配方和性能

●**对显影液的基本要求**　显影液是由多种化学药品组成的,化学组分的变化会使显影后胶片的性能发生相应的变化。因此,在组配一个显影配方时,要满足以下几点:

1. 摄影性能要求。对用于拍摄的负片,要求其具有感光度高和微粒、细部表现好以及宽容度大等性能;而对用于直接观赏的正片和照片,则要求其影调明朗、透亮,其微粒有良好的细部表现以及为人们所喜爱的色调,并对灰雾的要求也很严。

2. 操作性能要求。显影液的操作性能指显影液的稳定性、显影容量、显影速度、污染情况、安全性与配制的难易以及生产操作上的便利等。

要保证感光度,就要将那些感过微弱光线的 AgX 晶体上所形成的微小潜影中心显影。为了使显影液能达到所要求的摄影性能,需要对显影液中的各组分精心调配,包括显影剂的选择、组配(如米吐尔、对苯二酚、菲尼酮的用量)、pH 值的选定、溴离子浓度的确定等,均要有全面的考虑。

3. 环境保护。近年来,对摄影工业污染的防治问题已提到了许多国家的议事日程上,目前显影采用的一些药品有不少是有毒或对环境有害的,应严格限制其使用与排放。

●**黑白显影液配方**

1. 负片显影液的成分和负片影像质量的关系。

负片显影液的配方是按照对底片影像质量的要求而设计的。底片一般指的是经过拍摄、冲洗后带有负像的感光胶片。底片上的影像要求层次丰富,影调柔和,所容纳的景物亮度范围大,换言之,即反差要低,感光度要高,颗粒要细。

① 负片显影液中显影剂多用米吐尔、菲尼酮作主显影剂。由于这两种显影剂对暗部层次有较好的表现力,因而可达到较低的反差和较高的感光度。

② 促进剂的碱性普遍较弱,用量较少,显影液的 pH 值较低。这是因为,碱性的高低直接影响着显影速度的快慢,碱性弱的显影液显影速度慢,可使影像反差较低,颗粒细腻。

③ 保护剂的含量较高,主要是为了防止显影剂被氧化,防止影像被污染,同时,由于负片本身的颗粒较粗,在显影时多用一些保护剂,可使显影出来的银颗粒细一些。

④ 抑制剂用量较少,目的是降低反差。抑制剂的作用是抑制灰雾上升,但抑制剂过多的话,也会

抑制亮部的显影,使画面的反差上升。

2. 用于负片显影液的常规配方特点。

用于负片显影的显影液配方很多,在表 7-7 中仅举几例。

表 7-7　用于负片显影液的常规配方 (单位:克)

	D-76	D-96 变方	D-96	H-M	H-1	D-23	DK-20	PQ-FGP	PQ 微粒
米吐尔	2	2	1.5	1.5	8	7.5	5.0	—	—
无水亚硫酸钠	100	100	75	100	125	100	100	100	100
对苯二酚	5	5	1.5	1.0	—	—	—	5	5
碳酸钠	—	—	—	—	5.75	—	—	—	—
菲尼酮								0.2	0.14
硼砂	2	2	4.5	2	—	—	—	3	2
硼酸	—	—	—	—	—	—	—	3.5	3
偏硼酸钠							2		
硫氰酸钾							1		
溴化钾	—	0.3	0.4	0.15	2.5	—	0.5	1.0	0.8
加水至	1升	1升	1升	1升	1升	1升	1升	1升	1升
pH	8.3	8.3	—	8.52	8.5	7.80	8.28	8.95	8.70

这些负片显影液都是以米吐尔或菲尼酮作为主要显影剂的, 也都含有大量的保护剂, 所不同的是,有的显影液只有米吐尔单一显影剂,所含抑制剂溴化钾的量也不同,有的显影液中还含有增溶剂硫氰酸钾,碱性物质及含量也有所不同。这就导致了不同显影液有不同的显影性能。

D-76 配方被公认为冲洗负片的标准配方,已经有 80 多年的历史,使用范围很广,不仅用于黑白摄影负片的冲洗,也用于黑白电影负片的冲洗。由于 D-76 配方中没有溴化钾,因此显影后,一旦有溴化钾产生,就会抑制显影,所以后来在溶液中加上了 0.3 克的溴化钾,成了 D-76 变方,以降低显影液对溴化钾的敏感程度,保证显影影像质量的一致性。

DK-20 配方的特点是含有硫氰酸钾(卤化银的溶剂),因此颗粒特别细腻,但感光度只有 D-76 配方的 40% 左右。

含有菲尼酮的 PQ 配方冲洗出的底片感光度高、颗粒细。

D-96 配方和 D-76 配方相比,显影剂和保护剂浓度较低,溴化钾含量略高,得到的影像特点是反差略低,清晰度较高。

H-M 配方中的显影剂及溴化钾含量低,显影影像颗粒细,层次丰富,感光度是 D-76 配方的 60% 左右。

D-23 配方中只有单一的米吐尔显影剂,加之只有保护剂带来的弱碱性,使显影影像为低反差,因而属于软调显影液。

3. 常规的正片或相纸显影液的成分和正像影像质量的关系。

正片或相纸显影液的特点也是和对正像质量的要求相对应的。正像画面可印放在透明正片上,也可印放在相纸上,前者用透射光照明观看,后者在反射光照明下观看。正像画面主要要求影调明朗、反差高,以及正片透明部位及相纸未曝光处灰雾低、颗粒细腻。

正片及相纸显影液配方的特点:

①显影剂以对苯二酚为主,因为用对苯二酚显影得到的影像是高反差的,这正是正像所要求的。

②促进剂的碱性较强,一般要用碳酸钠,用量较多,这样有助于提高反差,提高显影速度。

③保护剂用量不如负片配方多,其原因之一是正片及相纸本身的颗粒度低,不需要保护剂起微粒作用,而亚硫酸钠过多会使清晰度下降。

④抑制剂的用量较负片显影液多,目的是抑制正像画面上高亮度部位的显影,防止出现灰雾,以此保持影调明朗,满足观赏的需要。

4. 用于正片及相纸显影液的常规配方特点。

用于正片及相纸显影液的常规配方很多,表7-8中仅举几例。

D-72 配方是使用广泛的正片和相纸显影液,显影影像层次丰富、影调明朗,可按 1:1 或 1:2 稀释使用。显影时间为 2~3 分钟,是大多数相纸厂家推荐的显影液。

表7-8 (单位:克)

	D-72	D-11	D-73	ID-20
米吐尔	3	1	2.8	3
亚硫酸钠(无水)	45	75	40	50
对苯二酚	12	9	10.8	12
无水碳酸钠	67.5	25.5	75	60
溴化钾	2.0	5	0.8	4
加水至	1升	1升	1升	1升

D-11 配方中对苯二酚与米吐尔的比例较大,溴化钾的含量也高,冲洗出的影像反差比 D-72 要硬。

ID-20 配方适用于各种放大纸,特别是依尔福卤化银相纸。使用时按 1:2 或 1:1 稀释,显影时间为 1.5~2 分钟。

用 D-73 配方显影,得到的影像层次丰富,比 D-72 显影速度快,因而适合大批量冲洗。由于溴化钾用量较少,显影时间不宜过长,否则会产生灰雾。

选用显影液时,尤其是首次选用显影液,首先应搞清所用胶片的片种及对影像质量的要求,然后根据显影液中各成分的功能,分析比较各种配方中的成分及含量,并做出正确的选择。一般情况下,摄影者可使用胶片生产厂家推荐的现成配方,这些配方往往比较成熟,是胶片生产厂家和洗印部门在长期使用过程中不断筛选、改进后保留下来的,其性能比较可靠。而胶片生产厂家给出的有关胶片性能的数据,往往也是用这种配方冲洗后得到的。

有时因特殊要求,需要改变配方的成分,可根据上述原则加减某种成分的含量,并进行拍摄、冲洗试验,以确定正确的拍摄、冲洗条件。例如,一种黑白负片使用 D-76 配方,在 20℃的条件下冲洗 11 分钟,其胶片的感光度为 ISO100,若改用其他显影液,在相同条件下冲洗,胶片的感光度可能达不到 ISO100,也可能高于 ISO100,且画面反差也可能有所不同。因此,在拍摄前,就应选定所用显影液品种,并按相应的感光度拍摄。

5. 黑白反转片的首显液配方。

由于反转片兼有负片和正片的双重功能,既要用于拍摄,其影像又要用于观赏。拍摄时,要求胶片有较高的感光度和较低的反差系数,在观赏时,又要求颗粒细、影调明朗。因此,反转片的性能既不完全等同于负片,也不完全等同于正片或相纸。冲洗工艺也不一样。显影液的配方,既要保证能得到一定的感光度,反差也不能太低,颗粒还要比较细。体现在首显液的配方上,与普通黑白显影液是有区别的:显影剂中对苯二酚的含量较高;使用了碳酸钠,提高了溶液的碱性;加入了增溶剂硫氰酸钾。这样做的目的是在保证一定感光度的同时,加大影像反差,使感光部分透明。

不同厂家、品牌的黑白反转片或替代产品所用的首次显影液有很大的差别,表7-9列举两个首显液配方。

表 7-9 (单位:克)

	ID-62 显影液配方	D-94 (变方)
米吐尔	—	1.5
无水亚硫酸钠	50	80
对苯二酚	12	20

续 表

	ID-62 显影液配方	D-94（变方）
无水碳酸钠	60	—
菲尼酮	0.5	—
溴化钾	2	7
氢氧化钾	—	20
防灰雾剂——苯骈三氮唑	0.2	—
加水至	1升	1升
	注：原液1份加水2份，然后每1000毫升加硫氰酸钾3克	

对某个具体品牌的反转片，选用哪种显影液，显影条件如何控制，应根据胶片说明书的要求和对影像质量的要求，通过试验确定。

●**彩色负片的显影液配方**

1. 彩色普通摄影负片显影液配方(C-41代用配方)见表7-10。

表7-10 （单位：克）

药　品	用　量
三偏磷酸钠	2.0
无水亚硫酸钠	2.0
碳酸氢钠	8.0
硫酸氢钠	7.0
溴化钾	1.8
无水碳酸钠	30.0
硫酸羟胺	3.0
CD-4(使用前6小时加入)	3.2
加水至	1升

配方中的三偏磷酸钠为软水剂，用于络合水中的钙、镁离子。亚硫酸钠和硫酸羟胺共同起保护剂的作用。

彩色显影是以显影剂氧化产物和成色剂作用生成染料为目的，但是过多的保护剂亚硫酸钠会和成色剂发生竞争，降低染料的生成量，因此，亚硫酸钠的量不能太多。同时，彩色显影液对于亚硫酸钠的纯度也有较高的要求，不应含有硫化物、硫代硫酸盐，否则影像上会有品红灰雾，或使明胶着上黄色。硫酸羟胺或盐酸羟胺具有较弱的显影作用，如果它和曝光的卤化银作用，其氧化产物不能和成色剂作用生成染料，因而也可能使染料密度降低。因此，在彩色显影液中使用了两种保护剂，且用量都不大。

碳酸钾、碳酸氢钠、硫酸氢钠用于维持药液的碱性和缓冲性。溴化钾起抑制灰雾的作用。CD-4 为显影剂。

2. 彩色电影负片显影液配方(ECN–2)见表 7–11。

表 7–11   (单位：克)

药品	用量
柯达防钙剂 4 号	2.0 毫升
无水亚硫酸钠	2.0
柯达防灰雾剂 9 号	0.22
溴化钠	1.2
无水碳酸钠	25.6
碳酸氢钠	2.7
CD–3	4.0
加水至	1 升

配方中，柯达防钙剂 4 号为软水剂，无水亚硫酸钠为保护剂，柯达防灰雾剂 9 号、溴化钠为抑制剂，无水碳酸钠为促进剂，CD–3 为显影剂。

3. 彩色相纸显影液配方(EP–2)见表 7–12。

表 7–12   (单位：克)

药品	用量
M–23	2.0
苯甲醇	20.0 毫升
无水亚硫酸钠	2.0
无水碳酸钾	37.0

药 品	用 量
溴化钾	0.5
盐酸羟胺	2.0
6–硝基苯骈咪唑硝酸盐	3.0 毫升
CD–3	5.0
加水至	1 升

配方中,M–23 为软水剂,苯甲醇为助显剂,无水亚硫酸钠和盐酸羟胺为保护剂,无水碳酸钠为促进剂,溴化钾、6–硝基苯骈咪唑硝酸盐为抑制剂,CD–3 为显影剂。

4. 彩色正片显影液配方(ECP–2)见表 7–13。

表 7–13　　　　　　　　　　　　　　　　　　　　　　　　　　　　　　　　　　　　(单位:克)

药 品	用 量
柯达防钙剂 4 号	1.0 毫升
无水亚硫酸钠	4.0
CD–2	2.7
无水碳酸钠	17.1
溴化钠	1.72
硫酸(7N)	0.62 毫升
加水至	1 升

配方中,柯达防钙剂 4 号为软水剂,无水亚硫酸钠为保护剂,CD–2 为显影剂,无水碳酸钠为促进剂,溴化钠为抑制剂,硫酸用于调节药液的缓冲性。

●说 明

1. 近年来,由于感光材料的质量不断提高,其摄影性能得到了很大的改善,胶片与显影液的组合也在发生变化,因此在选用显影液配方时要慎重,尤其是首次选用显影液,首先应搞清所用胶片的片种以及对影像质量的要求,然后根据显影液中各种成分的功能,分析比较各种配方中各成分及含量,最后做出正确的选择。一般情况下,摄影者可使用胶片生产厂家推荐的现成配方,这些配方往往比较成熟。

有时因特殊要求,需要改变配方的成分,可根据上述原则加减某种成分的含量,并进行拍摄、冲洗试验,以确定正确的拍摄、冲洗条件。例如,某种黑白负片使用D-76配方,在20℃的条件下冲洗7分钟,其胶片的感光度为ISO100,若改用其他显影液,在相同条件下冲洗,胶片的感光度可能达不到ISO100,也可能高于ISO100,且画面反差也可能有所不同。因此,在拍摄前,就应选定所用显影液品种,并按相应的感光度拍摄。

2. 以上将黑白显影液分为负片显影液和正片显影液是很粗略的,因为在实际使用时,为了满足某些特殊需要,负片显影液也可用于正片冲洗,正片显影液也可用于负片冲洗。还有些非正常工艺,如反转负冲、负片反转冲洗等,只要了解胶片和药液的性能,合理组合,也可以取得预期的效果。

定影液的成分和功能

◎**定影剂**　定影剂是定影液中最重要的成分,作为定影剂的物质,必须能溶解卤化银,而且其溶解量要大,溶解速度要快,溶解后的产物能脱离胶片而溶解在水溶液中。

常用定影剂是硫代硫酸钠($Na_2S_2O_3$)和硫代硫酸铵$[(NH_4)_2S_2O_3]$。硫代硫酸钠俗称"海波"、"大苏打"。

定影的机理是利用络合反应将未曝光的卤化银从胶片或相纸上溶解下来。

硫代硫酸钠(或硫代硫酸铵)+未曝光的卤化银→可溶性络合物$[Na_3Ag(S_2O_3)_2]$

$AgX+Na_2S_2O_3=NaAgS_2O_3+NaX$　　　　　　　　　　　　　式7-1

$3NaAgS_2O_3+Na_2S_2O_3=Na_5Ag_3(S_2O_3)_4$　　　　　　　　　式7-2

第一阶段生成的络合物是溶解度较小的$NaAgS_2O_3$。如果使用陈旧定影液或定影剂含量过低,定影反应就会停留在式7-1,胶片上就会残留下溶解度较小的络合物,为影像的保存留下了隐患,在存放期间,影像会在适宜的条件下退色或变色。

只有定影剂的定影液称为中性定影液,配方见表7-14。

虽然仅含有硫代硫酸钠的定影液可以起到定影的效果,但它有以下缺陷:

1. 由于定影液是中性的,不能终止进入定影液的胶片的显影过程,致使胶片处于边定影边显影的状态,随着定影液的衰老,显影作用更不能及时停止,因而影响对影像质量的控制。

2. 带入定影液的显影剂还有可能将定影液中的银离子还原成银,附于胶片上形成灰雾。

3. 带入定影液的显影剂在定影液中很容易被氧化,产生污染物,致使胶片乳剂中的明胶染色。

◎**停显剂**　为了避免上述问题,在定影液中加入了一定量的酸性物质,如硫酸、醋酸或硼酸,配制成酸性定影液,起到停显的作用。可是,酸性定影液也带来了问题,那就是硫代硫酸钠在酸性溶液中易分解,产生硫的黄色沉淀。

◎**保护剂** 为防止硫代硫酸盐遇酸分解,在配制酸性定影液的过程中,在加酸之前,必须预先加入保护硫代硫酸钠不被分解的药品,称为保护剂,常用的保护剂是亚硫酸钠(Na_2SO_3)。

在无亚硫酸钠时:

$$硫代硫酸钠+氢离子=亚硫酸氢钠+硫(可逆反应) \qquad 式7-3$$

在有亚硫酸钠时:

$$亚硫酸钠+氢离子=亚硫酸氢钠 \qquad 式7-4$$

亚硫酸钠和氢离子生成的亚硫酸氢钠,使反应式7-3的平衡向左偏移,从而使硫代硫酸钠得到保护。

由定影剂、酸和亚硫酸钠组成的定影液称为酸性定影液,配方见表7-14。

表7-14 (单位:克)

	中性定影液	酸性定影液	酸性坚膜定影液 F-5	酸性坚膜定影液 F-7
硫代硫酸钠	200	250	240	360
氯化铵				50
无水亚硫酸钠		25	15	15
醋酸(28%)			48 毫升	48 毫升
结晶硼酸			7.5	7.5
钾矾			15	15
加水至	1升	1升	1升	1升

◎**坚膜剂** 黑白胶片在冲洗过程中,经过浸泡的乳剂层很容易吸水而膨胀。膨胀过度的乳剂膜容易被划伤,甚至局部脱落。为此,定影液中一般都加有坚膜剂,以防止乳剂膨胀过度。常用的坚膜剂是钾矾 $KAl(SO_4)_2 \cdot 12H_2O$ 及铬矾 $KCr(SO_4)_2 \cdot 12H_2O$。

含有坚膜剂的定影液叫做坚膜定影液,代号为F-5,配方见表7-14。

在定影液中用硫代硫酸铵代替硫代硫酸钠,定影速度会大大加快,被称为快速定影液,代号为F-7。实际配制时,很少有人直接用硫代硫酸铵,因为它不稳定,价格也贵。常用的方法是在硫代硫酸钠定影液中加入氯化铵。

表 7-15

药品	用量
重铬酸钾	5 克
浓硫酸	5 毫升
加水至	1 升

表 7-16

药品	用量
铁氰化钾	50.0 克
溴化钾	30.0 克
加水至	1 升

表 7-17

药品	用量
EDTA 铁盐	130 克
EDTA 二钠盐	8 克
溴化钾	100 克
氨水	10 毫升

表 7-18

药品	用量
无水亚硫酸钠	10 克
EDTA 二钠盐	5 克
无水醋酸钠	5 克
冰醋酸	5 毫升
氯化亚锡	2 克
pH	4.5

漂白液的成分和功能

漂白剂是氧化剂,其作用是将画面中的银氧化成银离子。

在黑白反转片的冲洗过程中,漂白液用来将组成负像的银氧化成可溶性银盐,从乳剂中溶入漂白液,得以去除。所用的漂白剂是重铬酸钾($K_2Cr_2O_7$)或高锰酸钾($KMnO_4$)。重铬酸钾的酸性漂白液用得比较多,因为有坚膜作用,而且使用寿命长。配方见表 7-15。高锰酸钾的溶液是红色的,易被胶片乳剂的明胶吸附而染色。

在彩色感光材料的冲洗中,漂白液用来氧化感光材料上所有的银,包括组成影像的银、防光晕层的胶体银和黄滤光层的银。所用漂白剂为铁氰化钾(俗称赤血盐)。和重铬酸钾不同的是,用铁氰化钾漂白后,银被氧化成卤化银后并没有离开胶片,需要用定影液将其溶解掉。

正是利用了漂白后的卤化银依然留在胶片上这一点,可以对乳剂做其他加工,例如对电影正片上的声带做再留银处理,对黑白感光材料进行加厚、减薄、调色等加工,配方见表 7-16。

由于重铬酸钾、氰化钾及反应产物属于毒性很大的物质,所以有的工艺中采用了 EDTA 盐漂白液。例如,彩色反转片的冲洗工艺中的漂白液就是 EDTA 铁盐漂白液,配方见表 7-17。

反转液的成分和功能

在反转片的冲洗过程中,首次显影后需进行第二次曝光,以使影像反转。在手工显影时,一般可将胶片从显影罐中拉出曝光。而在机器冲洗中,这种方式就不太方便了,需要采用化学灰化的方法来进行,起到二次曝光作用的反转液是含有强还原剂(如氯化亚锡)的溶液,还原剂可将未曝光的卤化银还原,在卤化银晶体上产生由银组成的潜影。表 7-18 是一个反转液的配方。

配方中的无水亚硫酸钠起保护剂的作用,EDTA 二钠盐起软水剂的作用,冰醋酸用于为氯化亚锡创造酸性环境,无水醋酸钠和冰醋酸对溶液起缓冲作用。

调整液的成分和功能

调整液用在彩色显影工序之后和漂白工序之前。彩色显影是在碱性条件下进行的还原反应,而漂白是在酸性条件下进行的氧化反应。调整工序要解决的就是从碱性到酸性的过渡,以及从还原到氧化的过渡。

表7-19

药品	用量
无水亚硫酸钠	12 克
EDTA 二钠盐	8 克
硫甘油	0.4 毫升
冰醋酸	3 毫升
pH	6.5

其他辅助药液

◎**稳定液** 根据对彩色感光材料保存过程中退色或变色原因的研究,人们发现,组成彩色影像的染料在潮湿环境中会发生水解反应,残留在乳剂中的成色剂容易被氧化,氧化后的感光材料泛红黄色。为了增强彩色感光材料的保存性能,防止退色、变色,冲洗后的感光材料需要经过稳定液浸润。

常用稳定剂是甲醛,其作用有两个:一是和乳剂中剩余的成色剂作用,生成不易被氧化的物质;二是对明胶起坚膜作用,有效地阻止水分渗入乳剂,从而减少了染料水解的可能性。

◎**润湿液** 润湿液是含有表面活性剂的溶液。润湿的作用是为了防止胶片在不均匀的干燥过程中产生水渍斑痕。冲洗后的胶片,要用润湿液浸泡一下,使其均匀干燥。

在彩色冲洗套药中,稳定液和润湿液是合在一起配制成的,直接稀释后就可以使用。

常用的润湿剂是烷基萘磺酸钠。在实际使用中,很多物质可以用作润湿剂,如洗涤灵等,在1升水中加入1~2滴即可。

使用时,常将润湿剂加到稳定液中,成为润湿稳定液,如表7-20。

表7-20

药品	用量
甲醛 (37%)	25.0 毫升
润湿剂 (10%)	5.0 毫升
加水至	1 升

◎**停显液** 停显液为酸性溶液,用于中和胶片所带显影液的碱性,使显影过程终止。

停显液的成分是酸,多以醋酸配制。如表7-21是一个停显液的配方。

表7-21

药品	用量
冰醋酸	15 毫升
加水至	1 升

◎**除斑液** 除斑液用于黑白反转片的冲洗过程中,目的是除去重铬酸钾漂白后产生的由带色含铬化合物形成的污斑。除斑液由10%的亚硫酸钠制成。

表7-22

药品	用量
亚硫酸钠	100 克
加水至	1 升

◎**前浴液**　前浴液用于电影胶片冲洗过程的第一步。因为电影胶片上涂有一层防光晕层,含有炭黑,如果炭黑被带入显影液,就会使显影液遭受污染,在这样的显影液中显影,溶胀的胶片乳剂就有可能嵌入炭黑小颗粒,使影像受损。

表7-23

水	800 毫升
硼砂	20.0 克
硫酸钠	100 克
氢氧化钠	1.0 克

前浴液是一种碱性溶液, 表7-23是油溶性彩色电影负片所用的前浴液配方。

前浴的作用是溶胀、软化炭黑防光晕层,但并不让其溶解在前浴液中,而是在下一道水洗工序中除掉。这样既避免了乳剂和显影液被污染,也保持了前浴液的清洁。

冲洗药液的配制和储存

按顺序溶解各种药品

冲洗胶片用的药液大多是将几种化学药品而不是单一药品溶解在水中配制而成的。这些药品在化学性能和物理性能上有很大的不同,因此在配药时,要尽量避免出现不良反应,保证药液性能的正常发挥。

例如,显影剂米吐尔在水中的溶解度要比在亚硫酸钠溶液中的溶解度大,因此在配制 D-76 显影液或 D-72 显影液时,应先溶解米吐尔,再溶解亚硫酸钠。如果溶解顺序颠倒的话,由于米吐尔在含有亚硫酸钠的溶液中溶解度比较低,虽然加入的分量不变,但由于米吐尔的溶解不完全,能在显影液中起作用的有效成分不够,米吐尔的显影能力就不能完全发挥出来,使 M-Q 显影液中米吐尔和对苯二酚的实际比例发生变化,成为以对苯二酚为主要显影剂的显影液,从而使影像暗部层次遭受损失。

又如,显影剂对苯二酚在水中,尤其是在碱性溶液中会很快被氧化,丧失显影能力,同时药液的颜色会变成酱油色,这种酱油色的物质会吸附在感光材料的乳剂上,使画面受到不同程度的污染。但是,对苯二酚的显影作用又必须在碱性条件下才能发挥,也就是说,显影液中一定要有碱。因此,在配制 D-72 时,为了防止对苯二酚氧化,在加入对苯二酚之前,应先加入保护剂无水亚硫酸钠,再溶解对苯二酚,等对苯二酚溶解之后再加入碱——无水碳酸钠。

定影液也有同样的问题。如目前常用的酸性定影液中既含有硫代硫酸钠又含有酸,在配制时,要先溶解硫代硫酸钠,再加入保护剂亚硫酸钠,最后再加入酸,否则硫代硫酸钠遇到酸会被分解。

根据以上分析,在使用现成配方或自己研究新配方时,一定要注意药液的溶解顺序。一般的配方都是按照溶解顺序排列的,但也有不规范的。如果发现顺序不规范的配方,要多打几个问号,不要盲目使用。

一般应遵循的溶解顺序为:

显影液:米吐尔→保护剂亚硫酸钠→对苯二酚(菲尼酮)→碱……

定影液:硫代硫酸钠→保护剂亚硫酸钠→酸……

目前,许多生产厂家的显影液已经做成了半成品包装,将药品分装为几个小包装,有的是固体,有的是液体,在使用时,也应按顺序将包装里的药品溶于水。

配制药液用水的温度和用量

如果水的温度过高,容易造成显影剂等药品在高温下发生氧化或引起其他失效的反应。但温度也不能太低,因为有些物质在低温下溶解度很低或者不溶。一般配制显影液的水温在40℃~50℃。最初加入的水量不宜太多,以防止后续加入的药品体积超出药液的总体积。但水量也不可太少,因为水少可能造成药品溶解不完全。水量一般在700~750毫升为宜。

配制药液要搅拌助溶

配制药液如果不搅拌,显影液成分就不能很好地溶解,但搅拌过于剧烈,却会使显影剂过早被氧化,降低显影能力。因此,应保持和缓平稳的搅拌动作,并在前一种药品溶解之后再溶解下一种药品。

不要把几种药品混合后同时投放进水中。有的固体药品在混合时,会发生剧烈的放热反应,有时会发生爆炸。彩色摄影负片的显影液所用的两种保护剂——亚硫酸钠和硫酸羟胺就属于这类物质,使用时应小心。

特别要注意的是,在配制药液时,若需要浓硫酸,一定要"注酸入水",切不可将水倒入酸中!因为浓硫酸在溶于水中时,会剧烈放热,若将少量水溅入酸中,在局部会瞬间产生大量的热,从而使玻璃容器炸裂,浓酸喷溅而出。正确的方法是将酸缓慢倒入水中,并且要边搅拌边注入。

药液的保存

显影液的主要成分显影剂是还原剂,因此其保存期限的长短取决于显影剂是否被氧化及氧化程度的大小。为避免显影剂氧化,应将显影液密闭,并最好充满容器(最好有可压缩的容器以排出氧气),密封置于凉爽处闭光保存,容器最好是棕色瓶子或不透光的。不可将显影液置于低温环境中,因为有些化学药品在低温下会从溶液中析出,而升温后却不能复溶,使药液成分发生变化。

盛装药液的瓶子应贴上标签,注明配药时间。超过有效保存期限的药液应及时处理掉,存放显影液的瓶子要分开专用,切不可混用。存放定影液的瓶子也不可改盛显影液,以防存放过程中,显影液与瓶内残留的定影液或停影液接触,降低功效。

保存期限的长短还和显影液的成分有关。一般来说,碱性弱、保护剂含量高的显影液保存时间可以较长,如 D–76 原液在上述条件下保存,可达半年之久。而碱性强、保护剂含量低的显影液,保存时间就短,如 D–72 与 D–76 相比,保存时间就短得多。使用过的显影液,其保存时间就更短了,因为其中含有了能加速显影剂氧化的成分。尤其是有些显影液稀释后使用,其保存性就更差。如 D–72,在 1:1 稀释后使用,如果用毕不倒掉,过十几个小时甚至几小时后,药液就会变成很深的酱油色,完全失效了。因此,D–72 的工作液用完就要倒掉。

其他含有还原性物质的药液,比如反转冲洗工艺中的反转液,和显影液相似,都有可能被氧化,在久置后都会失效,要先检测后使用。

定影液、漂白液以及其他药液的保存没有显影液那样严格,但也应尽量密封,置于凉爽处保存。废旧定影液因含有可溶性的含银化合物,可用来提取金属银,应回收。

冲洗条件对感光材料性能和影像质量的影响

卤化银感光材料的冲洗涉及很多环节,因而就有很多因素影响到感光材料的性能和影像质量。在冲洗过程中,对感光材料性能和影像质量影响最大的莫过于显影了,显影条件对感光材料的感光度、反差系数、宽容度等,以及影像的密度、反差、层次、颗粒等都起着决定性的作用。

显影条件的影响

卤化银感光材料的显影过程非常复杂,主要表现在不仅参加反应的物质多,而且有的物质是固体的,有的是液体的。如卤化银是固体的,而显影剂是溶于水的。

另外还表现在显影反应的环境特殊,感光材料在浸入显影液之后,显影作用并不是在整个显影液中进行,而仅仅在乳剂层中的卤化银表面进行。因此,直接起化学反应的空间比整个显影液系统要小得多。一般洗片机中显影液的容量约在几百升以上,而浸入显影液中的卤化银乳剂层的体积约为几百毫升,而在固体表面起作用的体积仅有几十毫升,相差 10000 倍之多。

以上原因决定了影响显影过程的因素很多,主要有显影液成分、显影温度、显影时间、药液的循环和搅动等。

◎**显影液成分的影响**　显影液由 4 种主要成分组成,前面已作了介绍,在此归纳在表 7-24 中。

表 7-24

显影液成分	对感光度的影响	对影像反差的影响	对影像颗粒的影响
显影剂	使用米吐尔、菲尼酮为主要显影剂,感光度高。	以对苯二酚作主要显影剂,影像反差高;以米吐尔、菲尼酮作主要显影剂得到的影像层次丰富、反差低。	—
保护剂	大量(100 克左右)的亚硫酸钠,其溶解作用可以保证感光度足够高。	—	亚硫酸钠的量大,其微粒作用使影像颗粒细。加入增溶剂,颗粒细。
促进剂	显影液的碱性强,感光度高。	碱性强,影像反差大。	碱性弱,颗粒细。
抑制剂	一般情况下,抑制剂溴化钾越少,感光度越高。	溴化钾含量高,影像反差大,暗部层次少。	—
显影液的浓度(包括新旧程度)	显影剂浓度高,感光度就高。	同一显影液,浓度高时,影像反差高。	浓度高,显影快,颗粒粗。

注:表中各项影响趋势,是以其他因素不变为前提的,如果有多种因素存在,则需要综合考虑。

◎**显影温度的影响**

●**显影温度对显影速度的影响**　对于显影这样一个化学反应过程,温度的高低直接影响反应速度,若以规定显影温度下所达到的显影程度为准,温度升高,化学反应加快,要达到所需的显影程度的时间就缩短;反之,温度降低,反应速度减慢,要达到所需的显影程度,就需要延长显影时间。

●**显影温度对影像质量的影响**　似乎显影温度和时间存在一定的互补性,这对于一般化学反应是成立的,但如果用较高的温度显影黑白影像,虽然时间短了,但却是以影像颗粒粗、灰雾高为代价的,甚至有可能造成乳剂膜脱落。但如果温度很低,显影液的某些成分(如显影剂对苯二酚在 13℃以下)不起作用,无论延长多长时间,也达不到规定温度的显影效果。

为了得到稳定且一致的影像质量,一般要在固定的温度下进行显影。有的感光材料生产厂家推荐的黑白感光材料的显影温度为18℃~20℃,意为在此温度范围内确定一个显影温度(如20℃)。每次都要严格控制,以保证影像质量的稳定。

彩色片有三层乳剂,显影温度要求更严,如彩色摄影负片的显影温度为37.8℃±0.2℃,彩色电影负片的显影温度为41℃±0.1℃,彩色反转片的显影温度为38℃±0.3℃。在此温度下显影,反差系数和色彩可达到规定的要求,若温度过高或过低,三层乳剂产生的影像色彩和反差就会不平衡。

●**显影液温度控制** 胶片与相纸的冲洗时间和温度都应严格控制,但在实际操作中,精确控温却是比较困难的。大多数黑白显影液规定的使用温度为20℃,操作者在显影之前总要将药液调至指定温度再进行显影,然而,往往在显影结束时却发现药液温度已经升高或降低,结果导致显影效果偏离了预定效果。其原因是忽视了环境温度对药液温度的影响。如果环境温度很低(如冬季),药液温度在显影过程中就会不断降低,造成显影不足;反之,若环境温度很高(如夏季),药液温度会渐渐升高,导致显影过度。

药液的温度主要受环境温度的影响,以及显影时与空气接触的液面大小的影响。为使显影过程中药液温度保持恒定,应注意以下几点:

1. 药量多比药量少时更容易保持一定温度。

2. 如果将少量显影液加热或冷却到适宜的温度时,再将其倒入凉的或热的显影罐中,温度必然会发生变化。因此,测量显影液的温度应以倒入显影罐的显影液温度为准。

3. 当环境和药液温差比较大时,可采用保温套或水浴的方式来避免药液温度发生变化,同样,用于水浴的水量也应比较大。

◎**显影时间的影响** 在一定温度条件下,某种胶片在某一特定的显影液中显影,达到指定的反差系数时所用的显影时间称为正常显影时间。

以此为标准,如果其他条件不变,显影时间延长,影像的反差就会加大,整体密度加深,灰雾密度上升,颗粒变粗;如果显影时间太短,整体密度低,反差小,影调很软,见图5-3和图4-16。

为了得到优质影像,必须在其他条件不变的情况下,确定正确的显影时间(见本书第四章第二节"感光性能的测定方法"),并在每次冲洗时都严格控制显影时间。

◎**循环和搅动的影响** 已知参与显影的物质有固体的卤化银,也有液体的显影剂。在这一化学反应中,溶液中的显影剂只有尽快地扩散到卤化银的表面,并且反应产物中的溴离子等能以相应的速度扩散开去,才能维持反应的速度。

如果胶片在显影液中处于静止状态,在胶片表面发生显影反应后产生的溴离子等产物不能很快离开胶片,新鲜药液不能一直与胶片接触,就会造成显影不足,有时,还伴随有显影不匀的结果。但搅动过分也并非好事,会造成显影过度,有时也伴随有显影不匀的现象出现。

在显影过程中,要按规定的时间间隔摇动不锈钢显影罐或转动胶木显影罐的中轴,以保证显影均匀。具体的摇动或转动时间因胶片与显影液的不同组合而有差异。

使用不锈钢显影罐的一种典型的搅动程序是,在显影开始后,急拍罐底,使罐体直接上下逆向运动,以驱逐吸附在胶片乳剂上的气泡。然后平放在桌面上,以显影罐中轴为中心转动15秒,在开始显影30秒后,转动5秒,以后每隔30秒钟搅动5秒。一个密封性能较好的显影罐,既可通过颠倒,也可通过沿罐中轴的转动而达到搅动的目的。

使用胶木显影罐显影时,应均匀地转动中心轴,动作应平稳。实际上,操作上的动作连贯比操作本身更为重要。要避免过于剧烈的搅动,以防造成显影过度;也要避免搅动不充分而引起显影不均匀和显影不足。

将显影温度、显影时间和搅动等因素综合在一起,对感光材料性能及影像质量的影响趋势为:

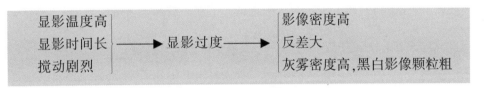

反之亦然。

定影及其他环节的影响

◎**定影对感光材料性能及影像质量的影响** 定影对感光材料性能和影像质量的影响主要表现在:如果定影不完全,有可能使影像在见光后继续灰化,且伴随有影像泛黄变色的现象发生。若定影液浓度低或陈旧,冲洗后的影像在保存过程中会发生退色或变色。有些由定影不完全造成的影像缺陷是无法弥补的。

因此在定影过程中需要注意以下几点。

●**定影时间** 由于不同感光乳剂中所含卤化银的成分不同、颗粒大小不同,所以定影的速度也不同。如氯化银定影速度最快,碘化银最慢。乳剂涂层厚,卤化银颗粒大,定影时间就长,如果定影时间不够,就会使定影的化学反应不完全,未曝光的卤化银就有可能残留在胶片上,造成影像不通透。所以,一般负片的定影时间要长于正片。

●**定影剂的浓度** 定影速度在一定范围内随定影剂浓度的增大而加快,比如,当硫代硫酸钠的浓度为 40% 时,定影速度最快,当硫代硫酸铵的浓度为 15% 时,定影速度最快。如果定影液的浓度不够,会生成不溶性的络合物(参见本章第二节内容)。

●温　度　定影温度过低,定影速度太慢,容易造成定影不完全。定影温度高,定影剂的扩散速度增加,定影速度会有所加快。但是定影温度不能过高,否则乳剂层膨胀过度,容易造成药膜脱落。定影温度一般在 15℃~20℃ 比较合适。

●定影液被消耗的程度　定影液在使用过程中,有效成分会逐渐被消耗,定影速度减慢,这时可适当延长定影时间。当定影时间已经超过用新鲜定影液定影时间的 2 倍时,应另配新鲜的定影液,否则会生成含硫代硫酸银较少的络盐,滞留在胶片上,在烘干或保存过程中分解为硫化银的黄棕色污斑。

◎**水洗对影像质量的影响**

●**中间水洗对影像质量的影响**　中间水洗是指在冲洗过程的两道工序之间的水洗,其目的是除去感光材料上从上道工序带来的药液,及时终止前一工序的化学反应,并防止上道工序所用的药液混入下道工序所用的药液中,造成污染。如显影后的水洗就是为了洗去胶片上所带的显影液及氧化产物,终止显影过程。如果不重视水洗工序,有可能造成两个问题:一是显影不能被及时终止,使影像反差、密度上升;二是后一种药液被污染,造成定影、漂白等不充分,出现定影、漂白不足等情况。

●**最后水洗对影像质量的影响**　最后水洗的目的是要除去定影剂、胶片上残存的微量的硫代硫酸银络合物等,以便使影像得以长期保存。如果水洗不干净,硫代硫酸盐的分解产物会在高温、高湿的条件下和银影像形成黄棕色的硫化银,使影像受到全面的污染,这种污染在低密度处比较明显。其变化过程可用化学反应方程式表示:

$$Na_2S_2O_3 + CO_2 + H_2O = H_2S_2O_3 + Na_2CO_3$$

$$H_2S_2O_3 = H_2SO_3 + S$$

$$2Ag + S = Ag_2S$$

$$H_2SO_3 + \frac{1}{2}O_2 = H_2SO_4$$

$$H_2SO_4 + Ag_2S = Ag_2SO_4 + H_2S$$

$$2Ag + H_2S = Ag_2S + H_2$$

一般情况下,画面中的黄色物质是硫,棕黄色的物质是硫化银,退色处的白色物质是硫酸银。

影响水洗效率的因素有以下几点:

1. 水质的影响。实验证明,使用含有盐类的水源,如海水,可缩短水洗时间;但用海水洗过后,要用净水冲洗,将盐类物质冲洗干净。水温高可使水洗效率提高,但温度不可太高,一般水洗温度宜在 14℃~18℃,彩色片可再高些;坚膜过的乳剂水洗效率高;高 pH 值有利于水洗。

2. 定影条件的影响。定影 pH 值高,硫代硫酸钠易于洗掉;使用衰竭的定影液时,硫代硫酸盐不易洗掉。

3. 感光材料的种类。乳剂层薄,水洗效率高;支持体对药液的吸收程度小,水洗效率高,如相纸的纸基容易吸附定影剂,水洗就困难。

◎**漂白对影像质量的影响**　漂白时间过短,漂白液陈旧,漂白温度过低,都会引起漂白不完全,在感光材料上留下黑色的银。

如果黑白反转片、彩色反转片漂白不完全,就会在胶片上留下组成负像的银,使正像画面该透明的部位不透明,影调不明朗。

如果彩色负片漂白不彻底,负像的银就会掺杂在染料中,使影像色彩污暗,印成照片或正片后色彩就会不饱和。

若黑白感光材料漂白不彻底,则是无法补救的;若彩色感光材料漂白不彻底,还可通过重新漂白、定影进行弥补。

操作的影响

有时,黑白负片、幻灯片及照片的洗印效果不尽如人意,甚至出现严重失误,除了以上因素外,还有以下几点:

1. 操作不熟练、不仔细以及违反操作规程,致使感光材料发生机械划伤、粘连、跑光等意外损伤。

2. 所用冲洗药液可能被污染或乏力,也可能配制有误,还有将显影液、定影液用错了等,从而严重影响影像质量,甚至造成废片。

与其在出现洗印缺陷或已造成事故之后加以补救,不如在问题出现之前严加防范,以确保得到高质量的摄影作品。规范操作方式,首先是规范冲洗过程,应特别注意以下几点:

1. 缠片时,手只能接触胶片边缘,不可接触胶片平面,以免留下指纹。

2. 把胶片从暗盒抽出时,动作应轻缓,以避免摩擦产生静电火花。

3. 向显影罐的轴上装胶片时,手和片轴应保持干燥,以便顺利装片,若有阻力或起伏,应将胶片倒回重装,以免胶片扭曲,出现折印。

4. 按规范要求搅动显影液,搅动不可过于剧烈,更不可不搅动。

5. 冲洗完毕的胶卷应挂于无尘通风的地方晾干,注意保护胶片乳剂面不被划伤,不要沾上尘埃。

6. 冲洗照片所用的显影、定影竹夹或不锈钢夹应专用,不可将显影用的夹子与停显液、定影液接触,用于定影和停显的夹子不可进入显影液中。

感光材料常见问题的分析及预防

  摄影者无不希望自己所摄的作品具有赏心悦目的影像,但常常有人因拍摄时的曝光控制不到位,或忽略后期制作环节对影像质量的影响,造成曝光或洗印不当,使影像留下缺陷,甚至使摄影创作前功尽弃。

  本节对拍摄及冲洗过程中影像质量方面的常见弊病的成因进行具体分析,并在此基础上提出一些可行的预防措施。有关影像质量问题的现象、成因和预防补救措施见表7-25。

表7-25

编号	现象	原因、预防及补救措施
1	底片影像平淡,暗部无层次	因负片曝光不足、显影不足所致或曝光正确、显影极不足所致。可用加厚液加厚密度,使底片达到可用程度,但暗部无层次仍无法弥补。
2	底片影像平淡,暗部层次尚好	因负片曝光正确、显影不足所致,或负片曝光略过度、显影极不足所致。可用硬调相纸印放照片,如果反差仍不够,则应对底片进行加厚。
3	底片平淡,亮部层次全无	因负片曝光过度、显影不足所致。可用硬调相纸印放照片,但亮部无层次的缺陷仍无法弥补。
4	底片反差较小,影像较平淡,暗部层次少	这是负片曝光不足、显影正确的结果。损失掉的暗部层次无法补救。
5	底片反差较小,影像密度较高,亮部层次少	这是负片曝光过度、显影正确的结果。损失掉的亮部层次无法补救。
6	底片反差极高,暗部层次丰富	因曝光正常的负片显影过度所致。若是较轻微的显影过度,通常可以使用软调相纸制作照片;如果显影极过度,就需要用超比例减薄液减薄。
7	底片反差过高,暗部层次损失	因挽救曝光不足的负片而采取延时显影所致。如果损失的暗部层次很重要,这种缺陷就无法弥补;若暗部层次不甚重要,则可以将底片与低反差相纸配套制作照片,或将底片用超比例减薄液减薄。
8	底片反差极高,亮部层次全无	因负片曝光过度加上显影过度所致。损失掉的亮部层次虽无法补救,但可用等比例减薄液减薄,以使照片质量得到一定程度的改善。

曝光和显影程度造成的影像质量缺陷

对于曝光和冲洗条件对影像质量的影响,可通过不同曝光和显影条件的组合来进行实验,参见图7-1。

曝光不足,显影不足

曝光正确,显影不足

曝光过度,显影不足

曝光不足,显影正确

曝光正确,显影正确

曝光过度,显影正确

曝光不足,显影过度

曝光正确,显影过度

曝光过度,显影过度

图 7-1   不同曝光和显影条件下的影像质量(彩)

由相纸和底片不合理匹配引起的影像质量缺陷

表7-26

编号	现　象	原因、预防及补救措施
1	正像画面反差过高	原因是与底片配套的相纸影调过硬,可改用软调相纸另行制作。若没有软调相纸,可在显影之前先将相纸浸入水中湿润,或在显影过程中将相纸反复移入清水中静置几次,实行间歇显影。
2	正像画面影调平淡,反差低	原因是与底片配套的相纸反差太低,可用硬调显影液显影,使照片反差提高,或换用高反差相纸制作照片。
3	正像画面影调平淡,暗部层次损失	虽用反差适宜的相纸放大,但因曝光过度、显影不足所致,或因使用了太软的相纸、曝光过度所致。
4	正像画面影调反差正常,密度太大	所用相纸反差合适、显影正常,但因印放时曝光过度所致。
5	正像画面密度太低,影像亮部无层次	用了反差正常的相纸或高反差相纸,但因曝光不足所致。
6	正像画面亮部层次丰富,但整体密度太低	使用软调相纸,亮部曝光虽充分,但显影不充分,整个画面密度因此偏低。

冲洗条件失控造成的影像质量缺陷

表7-27

编号	现　象	原因、预防及补救措施
1	正像画面显影之后影像密度合适,但定影之后,影像密度下降	因过度定影所致,可能是因为定影液太浓、温度太高或照片定影时间过长造成的。在使用快速定影液时,这种缺陷更易出现。
2	二色性灰雾(透光看时为棕红色,反光看时为蓝绿色)	因显影液中混入微量的海波、氨等,造成显影液受污染所致;也可能因使用乏力的定影液所致;还有可能因显影罐发霉,显影器皿受污染所致。
3	影像影调变色	底片呈棕色、黄色或褐色调,是因定影不充分或水洗不彻底所致。因此,应尽可能使用新配制的定影液,按规定时间定影;如果使用不新鲜的定影液,定影时间应延长甚至加倍,以确保影像的黑色影调正常,亮部透明。
4	不规则的网纹状起皱	指乳剂起皱和裂化而形成似网纹状。通常因两个前后相邻的冲洗工序的药液温度剧烈变化所致,例如在温度较高的显影液和定影液之间,用冰冷的水对胶片进行水洗;也可能由于pH值的剧烈变化引起,例如胶片乳剂接触强碱溶液而又直接浸入强酸溶液,反之亦然。

编号	现　象	原因、预防及补救措施
5	有从高光部位向外扩散的浅色条纹（通常称溴化物条痕）	在显影过程中，从已经显影的高光部位(底片高密度区域)扩散出的溴化物抑制了所到之处卤化银的显影，形成浅色条纹。当散页片挂在吊夹上显影时，应按要求充分搅动，以免产生溴化物条痕。
6	有从底片边缘扩散开的深色条纹	这些条道的位置通常与35毫米片孔之间的间隔一致，或与散页片在显影吊夹上的孔洞位置相一致。这是由于胶片在显影过程中受到了过于剧烈的上下提拉或左右提拉，引起药液从齿孔中涌入涌出，使片孔周围的某些部位显影过度所致。显影时的搅动或循环应该轻柔平稳。
7	乳剂表面附着结晶物质	原因是所冲底片未经水洗就晾干，定影液中的海波晶体沉积在乳剂面所致，重新水洗即可。
8	有银白色的沉积物	通常因冲洗药液中含有微量的硫化物所致，有时是由显影液中含有银泥所致，如D-76显影液"超期服役"就可能产生银泥。这种弊病在所冲底片尚未晾干之前，经重新水洗就可以消除，底片干燥后就难以处置了。
9	有白色粉末状的沉积物	沉积物通常为亚硫酸铝，多因定影液酸性不够，坚膜剂铝钾矾与保护剂亚硫酸钠发生复分解反应所致。这种弊病很少发生在使用含有硼酸缓冲剂的新鲜定影液定影的底片上。
10	有乳状的绿色污染	通常因经过显影的底片将显影液带入了含有铬矾的定影液（或停显液)中，致使定影液 pH 值下降，铬矾被还原所致。
11	有乳状的黄色污染	多因底片定影不充分，或由于胶片在定影液中粘连所致；有时则因定影液酸的含量过高，使胶态硫沉积底片乳剂面所致。定影不充分者，可重新定影；底片乳剂面若粘有胶态硫，可用甲醛坚膜，再用约45℃的浓亚硫酸钠溶液浸泡处理。
12	有蓝绿色污渍	若底片上的蓝绿色是透明的，可能是由于在高温下使用含有铬矾坚膜剂的定影液，铬离子被还原为低价铬(蓝绿色)并附着在底片上引起的；如果这种污渍是全面的，对印片并无影响，不必做补救处理。
13	照片出现边缘清晰的圆形白色斑点	照片显影时，由于乳剂面向下或搅动不充分，使气泡附着在乳剂面上，阻碍了显影液与乳剂的接触而使该处未显影。因此，在显影时应上下翻动照片若干次。此外，也可能是由于显影前，相纸溅上了定影液所致。
14	照片干燥后出现边缘清晰的圆形或不规则的棕色及黄色斑点	照片水洗时，乳剂面附着空气泡，或由于相纸互相粘连，局部未得到充分水洗，使海波残留在乳剂中，烘干时，残留的海波与相纸发生化学反应导致变色。
15	胶片、照片上出现边缘清晰的圆形黑斑	胶片或照片在定影时，乳剂面附着空气泡，无法接触定影液，使该处在正常显影后仍持续显影而形成黑斑。为避免造成此种缺陷，在定影时也应注意搅动。
16	照片影像黑中带绿	主要出现在感光较慢的放大纸和暖调印相纸上，因显影液中用了过量的溴化钾，加之相纸曝光过度而显影时间缩短所致。
17	照片显影期间或刚进入定影液就出现黄斑	这是高温条件下显影剂被氧化或污染的结果。一般是由于显影液太热、显影液被污染或停显液失效所致。在显影过程中出现黄斑，往往是由于对曝光不足的照片进行局部强迫显影，或用手指或棉花摩擦局部画面引起的。此外，这种黄斑也可能是由于显影期间照片在空气中暴露时间过长引起的，尤其是在夏天。

编号	现　象	原因、预防及补救措施
18	照片在保存过程中退色	因定影不充分或水洗不够引起。为了最大限度地延长保存期限,对于普通相纸,应用流动水冲洗,水洗时间要足够。
19	胶片发脆,药膜起皱	在高温而又非常干燥的空气中冲洗,使所冲底片快速干燥,或使用坚膜定影液且定影时间过长,都可能使底片卷曲发脆、药膜起皱。

操作不当造成的影像质量缺陷

表 7-28

编号	现　象	原因、预防及补救措施
1	底片影像上方浅于下方,有时界限分明	由于显影液不够,造成显影不均匀。用显影罐冲洗胶片时,向显影罐内倒入显影液的速度不可太慢,倒入罐内的显影液量一定要足够,以免胶片未全部浸入显影液中,造成底片上方显影不足。
2	不规则而边缘清晰的黑色斑点	因显影之前,胶片的局部溅上了显影液;或使用湿的胶带显影罐时,胶带上有水或显影液沾到胶片上,使这些部位显影过度。应保持操作台及显影用具洁净,操作有序。
3	不规则的黑色条纹,影像不通透	因显影罐、轴芯及其他器皿被化学药品污染所致。应避免胶片沾染显影剂、促进剂等药物。
4	浅淡而形状不规则的斑点或条纹	未显影的胶片局部沾上或溅上定影液,致使胶片乳剂中的卤化银被定影。应防止定影液沾到未显影的胶片上。
5	有黑色直条纹,伴有全面灰雾	通常由显影前或显影中胶片受光致使灰化引起的。可能的原因是暗房漏光,装罐期间胶片受到了来自一定方向的光照;或因操作失误,在亮室显影过程中显影罐盖不慎被打开后又盖上;还可能是使用塑料显影罐时,忘记加上架在显影轴芯上的防光小盖。
6	底片上有黑斑点	在底片尚未晾干时,外来物质如灰尘等沾了乳剂而形成黑色斑点,也可能是化学粉尘滞留于尚未冲洗的负片表面,使该处显影程度远远大于正常显影的部位所致。
7	由不合格的安全灯引起的灰雾	在显影前,胶片受到不合格的安全灯照射而产生灰雾。如果是在显影过程中受光,则可能造成局部或全部影像反转。
8	影像反转	通常由显影开始后负片受光所致,偶尔也可能由药液污染所致。
9	底片密度不匀	通常因药液倒入显影罐速度过缓或未充满,却伴随着充分的搅动而引起,也可能是由于搅动不充分或搅动过于剧烈所致。无法补救。
10	有灰色或奶油色斑点、痕迹	因底片定影不充分所致,也可能因负片乳剂层相互粘连而阻碍了与定影液接触,或因定影液陈旧乏力所致。可用新配制的定影液重新处理。

编号	现　象	原因、预防及补救措施
11	底片画面有大块亮斑	因负片局部未被显影所致。通常由于负片乳剂与乳剂粘连,使之不能与显影液接触,在定影时,这些部位的卤化银被溶解掉而形成亮斑。无法补救。
12	底片上有水渍斑痕	底片在晾干过程中,水滴在负片背面形成中间色深、边缘色浅的斑痕,如果在乳剂表面有水渍,则形成中间带小白点的深色斑痕。可重新水洗,用润湿液浸润底片后,重新干燥。
13	指纹印痕	黑色指纹是由于沾有显影液的手指触摸胶片所致;浅色指纹,可能是在显影前,附着油脂的手指触摸胶片所致;指纹并带有污斑,则可能是手指沾有海波接触胶片所致。
14	有较大的透亮圆斑	通常因罐显时,显影液气泡附着在胶片乳剂面阻碍了显影所致。正确的做法是在胶片进入显影液中就立即搅动,以免产生或附着气泡。
15	有黄色的圆斑	通常因气泡附着在已显影的胶片乳剂面,阻碍了定影所致。如果发现及时,重新定影即可消除黄斑。
16	正像画面有黑色条纹	由于摩擦使相纸或正片某些部位出现划痕,显影后成为黑色条纹。多出现在光面相纸上,操作时应仔细。
17	整幅画面有一层灰雾	通常由不安全的暗房条件引起,应确保暗房不漏光、安全灯安全。若使用过期感光材料,也会引起灰雾。对过期的感光材料,应在显影液中增加防灰雾剂的含量。如果所用的感光材料并不过期,画面发灰也可能是因曝光、显影严重不足所致。
18	照片上有白色指纹	因手指沾有定影液,在显影之前触摸了相纸,使被触摸的相纸局部先定影而不能显影,形成白色指纹印痕。
19	照片上有黑色指纹	由于用沾有显影液的手指触摸了未显影的相纸,使被触摸处预先显影,形成黑色指纹。
20	照片上有浅黄色指纹	在照片水洗之后,用沾有定影液的手指触摸了照片,经烘干就形成了浅黄色指纹。
21	照片上有小白点	多由滞留在底片或底片夹玻璃上的灰尘等脏物引起。也可能是相纸上有脏物,使相纸的某些部位未能曝光而出现白点。

感光材料质量问题造成的影像质量缺陷

表 7-29

编号	现　象	原因、预防及补救措施
1	有不均匀的斑块	可能是使用了过期胶片或储存于高温下的胶片出现的弊病;也可能由于显影、定影时搅动不够所致。

编号	现　象	原因、预防及补救措施
2	有透明小斑点	由于胶片乳剂附着灰尘颗粒、细小绒毛等脏物影响曝光和显影所致。原因多为相机内部或胶片暗盒不洁,为此应定期清洁所用设备。
3	胶片上出现灰雾	使用过期胶片,其灰雾随时间延长而增加;胶片储存条件恶劣,如高温、高湿或与化学药品同储一处等,均能使灰雾度上升。
4	有形状清晰的树枝状或叉状闪电条纹	通常由于胶片碰撞、摩擦或在干燥的环境中快速倒片而产生了静电火花,使胶片感光。为避免产生静电火花,应使操作环境具有一定湿度;装卸或分装胶片时,应动作轻缓、操作仔细,以减少静电荷的积累。
5	底片呈蓝色、粉色或浅紫色	这些颜色通常不很明显,是胶片防光晕染料的痕迹,或由于乳剂中所用增感染料颜色的呈现。这种颜色往往是全面的,可以忽略不计,因为对制作照片、拷贝幻灯片的影响很小或基本没有影响。
6	照片上有小黑点	未拍摄的胶片沾有灰尘等脏物,未接受曝光,在底片上形成小白点,印制在照片上形成了黑点。

实验:曝光和显影条件对影像质量的影响

一、实验目的

1. 了解曝光、显影条件对画面影像质量的影响。

2. 通过实验提高分析比较影像质量的能力。

二、实验器材

包括照相机、摄影用标准灰板、放大机及全套显影用具、负片显影液 D-76、相纸显影液 D-72、定影液、黑白负片和黑白相纸。

三、实验步骤

1. 景物:带灰板的中近景人像,要求景物的亮度范围比较大、层次丰富。

2. 曝光:以推荐感光度为基准拍摄 1 幅,并开大和缩小 3 级光圈各拍摄 1 幅,以此为 1 组,共拍摄 3 组。

3. 冲洗:用负片显影液 D-76 按第四章实验确定的正常显影时间和温度冲洗 1 组负片,再分别用正常显影的 1/2 和 2 倍时间冲洗另两组负片,得到 9 张底片。

4. 放大:

①用曝光正常、显影正常的底片放大照片,经过做试条,确定在 20℃的相纸显影液 D-72 中显影 2

分30秒,并以正常的放大曝光条件进行操作。将其他8张底片按此条件放大成照片。

②将9张底片按各自最佳的放大曝光条件进行曝光、冲洗。

③将9张底片按相同倍率进行局部放大。

四、实验结果分析(评价方法参见第六章)

比较分析①②③组照片所反映出的影像质量差异。

习　题

1. 冲洗加工中的各道工序起什么作用?

2. 显影液、定影液、漂白液各含有什么成分,起什么作用?

3. 在药液的配制和保存过程中,应注意哪些问题?

4. 感光材料的冲洗条件对哪些影像质量产生影响,影响趋势如何?

5. 如何解决在冲洗感光材料过程中遇到的问题?

8

感光材料的类型、保存和使用条件

□ 感光胶片的品种和规格繁多，可供选择的常用品种多达400余种。摄影者应根据摄影的需求，把握感光材料的性能，从众多的感光材料中选择最合适的，这是得到高质量影像的重要的一环。

□ 而感光材料除了对光敏感以外，环境的温度、湿度、电磁辐射、摩擦以及生物侵害等对其影响也是不可低估的。因此，在运输、存放、使用的各个环节中，时时处处"善待"感光材料，也是得到高质量影像不可忽略的环节。

常用感光材料的分类

按影像色彩分类

从影像的色彩来看，有由染料组成的彩色影像，也有由银组成的黑白影像。因此，按形成影像的色彩分类，摄影感光材料可分为黑白感光材料和彩色感光材料两大类。

一般来说，彩色照片是用彩色胶卷拍摄，再用彩色相纸印制出来的。而黑白照片大多是用黑白胶卷拍摄，再用黑白相纸印放制作出来的。也有用彩色胶卷拍摄，用黑白相纸制作的。此外，还有用彩色或黑白反转片拍摄，得到透明正片(幻灯片)，也可将其印放到彩色或黑白反转相纸上的，只是用的不多。

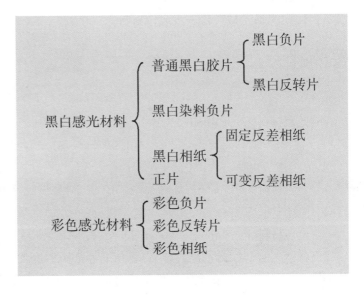

黑白染料片是一种采用彩色负片加工工艺的黑白负片，影像由单色染料组成，并非纯黑，但可以在黑白相纸上印放出黑白照片，也可以在彩色相纸上印放出单色影像。

可变反差相纸的高反差乳剂层对蓝光敏感，因此调节该层反差靠的是一组黄色滤光片，借以控制到达乳剂层的蓝光的比例。低反差乳剂层对绿光敏感，因此可用一组品红色滤光片来调节绿光到达相纸的比例，以控制反差。

按获得影像的途径分类

从获得影像的途径看，可以有负—正过程、反转过程、一步成像过程等。不论是黑白影像，还是彩色影像，均可通过这些途径获得。但是不同途径所需感光材料的种类是不同的。

◎负—正过程　用负片拍摄，经过冲洗得到底片，再将底片上的影像印制到相纸或正片上，冲洗后得到照片。相应使用的感光材料是黑白负片或彩色负片以及与之配套的相纸或正片。

◎**反转过程** 只需经过拍摄、冲洗,即可得到可供观赏的透明正像画面。这里的冲洗过程比负—正过程要复杂一些,所用的感光材料是黑白或彩色反转片。

◎**一步成像过程** 这种成像方式的优点是拍摄后,在退片过程中,胶片自身所带的药包被辊轴压破,在很短的时间内,用自身所带的药液完成冲洗加工过程,便可看到摄影的效果,不需要暗房及冲洗设备。使用的感光材料是一步成像材料。

按感色性分类

感光材料对不同色光的感受能力有所不同,按感色性可将感光材料分为以下几种。

◎**色盲材料(Color Blind Material)** 色盲材料是指仅对蓝紫光敏感,而对绿光、红光不敏感的感光材料,如黑白相纸和黑白正片。若使用这类材料拍摄彩色景物,在感光材料上只能出现蓝色物体的影像,其他景物的正像则为黑色。由于对红绿光不敏感,可以在红色和绿色安全灯下操作。

◎**正色材料(Orthromatic Material)** 正色材料是指既感蓝紫光,也感绿光,但对红光不敏感的感光材料,用于科研等方面。

◎**全色材料(Panchromatic Material)** 全色材料是指对全部可见光均可感光的材料,黑白负片、黑白反转片、彩色负片、彩色反转片、彩色相纸等都属于这类材料。全色胶片可装入相机用于拍摄。全色片的缠片、装片操作是在全暗条件下进行的,一般不使用安全灯,如有必要,可在暗绿色安全灯下做短时间检查。

◎**红外材料(Infrared-sensitive Material)** 红外材料是指对红外光敏感的感光材料,多用于航空摄影、生物医学摄影、电影特技摄影、图片摄影等方面。

◎**紫外材料(Ultraviolet-sensitive Material)** 紫外材料是指对紫外光敏感的感光材料。

按用途分类

◎**负　片** 负片用于拍摄画面,若是黑白负片,经过冲洗后,得到和景物明暗相反的影像;若为彩色负片,则得到与景物色彩互补、明暗相反的影像。冲洗后的负片称为底片。

◎**正　片** 正片用于从底片印制、放大可供放映的透明正像画面,如幻灯片和大型灯箱片。

◎**反转片** 反转片既用于拍摄,又用于放映,兼有负片和正片的性能,拍摄后经过冲洗即可直接得到正像画面,既节省了印放时间,又省去了印放设备,常用于新闻摄影和幻灯片制作。

◎**中间片**　中间片用于从原底片制作翻正片、翻底片。在印放照片时，就可用翻底片代替原始底片，可起到保护原始底片免受印放过程中的机械磨损和光照退色的作用。但是，经过复制的翻底片质量是不如原始底片的。

按片基种类分类

按片基材料的不同，感光材料可分为以下几种。

◎**透明片基类**　透明片基类是一种以透光率较高的醋酸纤维素酯和涤纶树脂等透光物体为载体的感光材料——透明胶片。透明胶片的特点是，在胶片上形成的影像要通过透射光来观看，如负片、反转片(幻灯片)等。一般无色透明的片基的透光率应在90%左右，以保证胶片上的透射影像具有较高的亮度和清晰度。带色透明片基的透光率相应降低，但不发浊。

目前，大多数彩色或黑白摄影负片采用的是醋酸片基，在其片边上可以看到"SAFETY BASE"的字样，因其不易燃，故而被称为"安全片基"，用于区别已淘汰的、可燃的硝酸片基。部分正片上使用的是涤纶片基。平整度高、无小气泡的玻璃也曾用作"照相干版"的片基。其特点是：具有良好的透明度、平整度好、不易变形、不卷曲，几何尺寸稳定，化学性能稳定，适宜做光谱照相干版、超微粒干版、核子干版等特殊感光材料的载体；缺点是质脆易碎、厚重、体积大，不便于携带和保存，用其制造的感光材料不便在各种机器中连续运转，因此不适合制造电影胶片及摄影胶卷。

◎**不透光片基类**　不透光片基类是以不透光片基(如纸基、铜板等)为载体的感光材料——相纸等。

目前，市场上销售的相纸中有一类是普通纸基，称为钡地纸。在纸基表面涂有含硫酸钡或氧化钡及其助剂的底层，用以遮挡纸基中的有色有害物质，增加纸基的白度，防止纸基中的化学成分对乳剂感光性能产生影响，同时填补用作纸基的照相原纸表面的纤维之间的孔隙及凹凸不平的部位，使其平整光洁，减少纸基的吸水性，保证影像的清晰和细腻。这种相纸易于裁切和粘贴，可用铅笔、钢笔、圆珠笔、记号笔等在纸背上写字。由于纸基吸水，在干燥前需要较长时间水洗，以除去冲洗用化学药液以及相应的副产物。

也有的采用涂塑纸基。涂塑纸基是在普通纸基的正反两面涂上树脂层，在冲洗过程中，这两层薄膜可阻挡药液渗透到纸基中，因而可大大减少水洗时间和用水量，提高了冲洗效率和影像质量。但是，若湿加工时间过长，水分也会从相纸的边缘渗入纸基。由于涂有树脂层，涂塑相纸在干燥和湿润状态都是结实耐用的，但不能用通用的书写用具和墨水在不吸水的纸背上做标记，可用油性笔如圆珠笔、油性记号笔等做标记。

按尺寸分类

表 8-1

	规 格
135 胶卷 (亦称 35 毫米胶片)	36 张/卷,24 张/卷,12 张/卷
120 胶卷	6×6(厘米):12 张/卷,6×4.5(厘米):16 张/卷,6×9(厘米):8 张/卷
220 胶卷	(比 120 胶卷长 1 倍,无背纸)
127 胶卷	12 张/卷,24 张/卷
110 胶卷	其胶片的宽度为 16 毫米
散页片	5×7(英寸),10×12(英寸)等
相纸	127×178(毫米),203×254(毫米),254×305(毫米),278×356(毫米),305×381(毫米),406×508(毫米),508×610(毫米),508×610(毫米),508×10000(毫米)
扩印卷筒纸	长度有 175 米、84 米、88 米、177 米、241 米、317 米、354 米、547 米等

常用感光胶片的品牌和型号

乐凯感光胶片

表 8-2

乐凯黑白感光胶片	新一代SHD400黑白胶卷	感光度为 ISO400/27°,具有很好的清晰度和颗粒性能,宽容度大,为全色高感光度黑白胶卷。适用于室内等光照不足的场合以及需要大景深或记录高速动体的新闻和体育摄影。可在 EI50/18~800/30 范围内使用。物理机械性能良好,不易粘连,抗划伤能力强。
	新一代SHD100黑白胶卷	感光度为 ISO100/21°,是高清晰度、极细颗粒、大宽容度的全色中速黑白胶卷。物理机械性能良好,广泛用于室内外专业和业余摄影,如人像摄影、广告摄影和其他艺术摄影以及风光和旅游摄影。
	专业 120黑白胶卷	感光度为 ISO100/21°,是用于专业摄影的中速黑白胶卷。宽容度大,反差适中,可修版防粘连,从而更便于储存和运输。
	人像片	为全色负性材料,具有清晰度高、颗粒细腻、宽容度大的特点,适用于室内人像及户外一般摄影。胶片的反差指数随冲洗时的搅拌强弱而改变。

	乐凯超金 BR100 (SGBR100) 彩色胶卷	感光度为 ISO100/21°,为日光型彩色胶卷,最适合在一般自然光线下使用,如近距人物摄影、风景摄影,也适用于电子闪光灯或蓝色闪光灯作光源的闪光摄影。
乐凯彩色感光胶片	乐凯彩神 100 (Lucky Super 100 II) 彩色胶卷	感光度为 ISO100/21°,是具有高清晰度的新一代日光型彩色胶卷,在颗粒性、分辨率、色彩还原和曝光宽容度等性能上均有提高,质感细腻、层次丰富、色彩艳丽,可在日光、电子闪光灯和蓝色闪光灯泡下使用。
	乐凯金 BR200 (GBR200) 彩色胶卷	感光度为 ISO200/24°,是日光型曝光宽容度大的彩色负片。适合在多种光源下拍摄,不仅适合在自然光线下拍摄人物和风景,还特别适合需用闪光灯及在较远距离下拍摄大场面及光线不足(如天色阴暗)情况下的风景摄影。影像颗粒细腻、清晰、明快、层次丰富;曝光宽容度大,是在光照条件变化大的场合进行拍摄的理想产品。
	乐凯超金 BR200 (Super 200) 彩色胶卷	感光度为 ISO200/24°,是超金 100 系列中具有高清晰度的新一代产品,在颗粒性、分辨率、色彩还原、曝光宽容度、潜影稳定性以及胶片的物理性能上均有很大的提高,具有细腻的质感、丰富的层次和艳丽的色彩,可在日光、电子闪光灯和蓝色闪光灯泡下拍摄。
	乐凯金 BR400 (GBR400) 彩色胶卷	感光度为 ISO400/27°,为光照条件差的室内外摄影或运动摄影设计。适合用变焦镜头小光圈拍摄或以高速快门拍摄动态人物。由于其感光度高,更适合于带小口径镜头的一次性相机使用。在保证高感光度的同时,保持了良好的清晰度和颗粒性。具有良好的感色特性,曝光宽容度大,色彩还原好。

公元感光胶片

表 8-3

黑白胶片	公元牌 PSS 黑白全色胶卷	感光度为 ISO100/21°的黑白全色负片,强化显影,感光度可达 200/24°,属中速微粒型,广泛应用于室内外专业摄影和业余摄影,如人像摄影、广告摄影和其他艺术创作,以及风光、旅游摄影等。颗粒细腻、清晰度高,画面层次丰富,高光影调和暗部影调均有良好表现。配合使用公元牌黑白相纸或其他类似相纸都能获得效果满意的照片。

阿克发感光胶片

表 8-4

	型 号	特点及用途	
民用彩色负片	Agfacolor Vista 100	感光度为 ISO100 的日光型民用彩色负片,尺寸为 135-36、135-24、135-12。	感光度不同的胶片用于满足业余摄影的不同需要。在弱光照明或拍摄高速动体时,有高感光度胶片可供使用;在明亮的条件下,有感光度较低的胶片可供使用。
	Agfacolor Vista 200	感光度为 ISO200 的日光型民用彩色负片,尺寸为 135-36、135-24、135-12、110-24。	
	Agfacolor Vista 400	感光度为 ISO400 的日光型民用彩色负片,尺寸为 135-36、135-24、135-12。	
	Agfacolor Vista 800	感光度为 ISO800 的日光型民用彩色负片,尺寸为 135-36、135-24、135-12。	

	型　号	特点及用途
彩色反转片	Agfachrome CT precisa 100	用于 135 相机的日光型彩色反转片，感光度为 ISO100，尺寸为 135-36、135-24、135-12、110-24。
	Agfachrome CT precisa 200	用于 135 相机的日光型彩色反转片，感光度为 ISO200，尺寸为 135-36、135-24、135-12、110-24。
APS彩色负片	Agfa Futura II 100	感光度为 ISO100，适用于 APS 系统的日光型彩色负片，色纯度高，在阳光充足的照明条件下，清晰度特别高，颗粒细。用此胶片拍摄的底片，适用于海报类的大画幅制作，尺寸为 240-40、240-25、240-15。
	Agfa Futura II 200	感光度为 ISO200，适用于 APS 系统的日光型彩色负片，色彩饱和度高，影调再现好，曝光宽容度大，通用性强，尺寸为 240-40、240-25、240-15。
	Agfa Futura II 400	感光度为 ISO400，适用于 APS 系统的日光型彩色负片，尺寸为 240-40、240-25、240-15。清晰度、色彩饱和度高，适用于低光照情况下和对快速动体的拍摄。
彩色专业负片	Agfacolor Optima II Prestige 100	感光度为 ISO100，具有自然的高饱和度色彩，清晰度很好，颗粒很细，适用于风光和建筑摄影，适合高倍率放大。
	Agfacolor Optima II Prestige 200	感光度为 ISO200，色彩饱和自然，非常清晰，颗粒很细，适用于生活摄影、变焦距摄影和闪光摄影。
	Agfacolor Optima II Prestige 400	感光度为 ISO400，具有专业品质，即使在照明条件不好的情况下拍摄，影像色彩也很丰富，每个细节的色彩表现都精确，清晰度高，颗粒细腻，暗部层次不受损。
	Agfacolor Portrait XPS 160	感光度为 ISO160，色彩饱和，颗粒特别细，皮肤色调再现极好，反差范围极佳，用于肖像摄影，效果柔和。
彩色专业反转片	Agfachrome RSX II 50	感光度为 ISO50，具有极高的色彩饱和度，清晰度极好，层次极丰富。
	Agfachrome RSX II 100	感光度为 ISO100，色彩饱和度高，颗粒极细，层次极丰富。
	Agfachrome RSX II 200	感光度为 ISO200，具有出色的色彩饱和度和非常好的细节表达，颗粒细。
黑白专业负片	Agfapan APX 100	感光度为 ISO100，颗粒非常细，感光特性的一致性极高，曝光范围大，通用，尤其适合闪光摄影。
	Agfapan APX 400	感光度为 ISO400，颗粒很细，清晰度极好，强力显影可使感光度达到 ISO1600/33°。适合在不良照明条件下拍摄，特别适合曝光时间短的运动摄影。
黑白专业反转片	Agfa SCALA 200x	颗粒极细，清晰度高，强化显影或减少显影，感光度可从 ISO100/21° 至 ISO1600/33°变化，适合时尚摄影、广告摄影、文献摄影、建筑摄影和风光摄影等。

	型 号	特点及用途
黑白特种胶片	Agfapan APX 200S	感光度为ISO200,为全色中速黑白负片,对红光的敏感程度延伸到了红外边缘,适合在黎明、黑暗中用红色闪光灯在有雾时拍摄,如在交通监视、雷达检测过程中使用。
	Agfapan APX 400S	感光度为ISO400,为全色高感光度黑白负片,装入特殊的自动相机中,可用于所有的侦查用途中。

富士感光胶片

表8-5

35毫米民用彩色反转片	Fujichrome Sensia 100 (RA)	感光度为ISO100,具有流畅、自然的色彩,颗粒非常细。
	Fujichrome Sensia 200 (RM)	感光度为ISO200,为常规多用途胶片,具有出色的清晰度和忠实的色彩再现特性。
	Fujichrome Sensia 400 (RH)	感光度为ISO400,适合拍摄动体或在低光照条件下拍摄,颗粒非常细。
24毫米民用APS胶片	Fujicolor Nexia 200	感光度为ISO200,适用于所有APS相机,颗粒非常细,适用范围广。
	Fujicolor Nexia 400	感光度为ISO400,适用于所有APS相机,用于拍摄动体或在低光照条件下拍摄。
	Fujicolor Nexia 800	世界上第一个感光度为ISO800的24毫米APS胶片,色彩再现正确,清晰度高,适用于所有APS相机,用于抓取快速动体或其他需要高速片的场合。
35毫米民用彩色负片	Fujicolor Superia Reala	感光度为ISO100的Premium彩色负片,具有非常细腻的颗粒和非凡的色彩精度。
	Fujicolor Superia 100	感光度为ISO100的彩色负片,主要用于户外摄影。
	Fujicolor Superia 200	感光度为ISO200的多用途彩色负片,具有平滑的细颗粒,色彩再现和清晰度得到了很大的改善。
	Fujicolor Superia X-TRA 400	感光度为ISO400的彩色负片,主要用于动体或低光照明下的摄影,具有出色的色彩再现特性。
	Fujicolor Superia X-TRA 800	感光度为ISO800的多用途高感光度彩色负片,具有精细的颗粒、曝光宽容度大和自然的色彩再现特性。
	Fujicolor Superia 1600	感光度为ISO1600的高感光度彩色片,适合用单镜头反光相机的长焦距镜头拍摄。

专业彩色反转片	Fujicolor Portrait NPC 160 Professional	感光度为 ISO160,特意为肖像和商业摄影设计。
	Fujicolor Superia 100 and Superia 200 ProPack	感光度为 ISO100 和 ISO200,具有出色的色彩再现特性和极好的清晰度。
	Fujicolor Portrait NPS 160 Professional	感光度为 ISO160,特意为婚礼和肖像摄影而设计。
	Fujicolor Press 400	感光度为 ISO400,具有中性的色彩平衡特性和精细的颗粒,主要用于拍摄户外动体。
	Fujicolor Portrait NPH 400 Professional	感光度为 ISO400,具有极好的中性皮肤色调和丰富的层次。
	Fujicolor Press 800	感光度为 ISO800,在低光照条件下有极好的表现,具有分辨率突出和良好的色彩再现特性。
	Fujicolor Portrait NPZ 800 Professional	感光度为 ISO800,在现场低光照条件下有杰出的表现,曝光宽容度大。
	Fujicolor Press 1600	感光度为 ISO1600,颗粒精细,反差强,是拍摄快速动体的理想用片。
	Fujicolor NPL 160 Professional	感光度为 ISO160,为灯光型彩色负片,用于钨丝灯照明下,具有色调真实、颗粒精细的特性。
	Fujicolor Professional Superia X–Tra 400 Evidence Pack	感光度为 ISO400 的多用途胶片,在有争论的光源和荧光照明条件下可以精确再现自然的色彩。
专业黑白负片	Neopan 100 Acros	感光度为 ISO100 的中速黑白负片,颗粒极细,在摄影领域适用广泛。
	Neopan 400	感光度为 ISO400,清晰度非常好,曝光宽容度大,强显时曝光指数可达 EI1600。
	Neopan 1600	感光度为 ISO1600,为高感光度负片,强显时曝光指数可达 EI4800。
专业彩色反转片	Fujichrome Velvia 50 (RVP)	感光度为 ISO50 的彩色反转片,具有极精细的颗粒,强显时可使曝光指数达到 EI100。
	Fujichrome 64T Type II Professional (RTPII)	感光度为 ISO64 的彩色灯光型反转片,用于钨丝灯照明条件下,具有色调平衡、层次丰富、色彩再现可靠的特点。
	Fujichrome Astia 100 Professional (RAP)	能表现出光滑、自然的皮肤色调,为理想的时装摄影用片。
	Fujichrome Provia 100F Professional (RDPIII)	感光度为 ISO100,采用超细希格玛(Sigma)晶体技术和微晶溶解控制技术,颗粒非常细。
	Fujichrome Provia 400F Professional (RHPIII)	感光度为 ISO400,具有特别精细的颗粒和极好的色彩再现特性,强显感光度可达 ISO1600。

依尔福感光胶片

表 8-6

全色黑白负片	依尔福 PAN-F 型（ISO50）	感光度为 ISO50,颗粒极细,分辨率高,影调明朗,层次丰富,可按正片冲洗,得到暖黑调效果,适合拍摄需要高倍放大的影像。
	依尔福 PAN-100 型（ISO100）	感光度为 ISO100,曝光宽容度大,层次丰富,颗粒细腻,分辨率高,适合风光、人像摄影。
	依尔福 PAN-400 型（ISO400）	感光度为 ISO400,颗粒细腻,适用范围广,适合低光照条件下拍摄和对动体的拍摄。
	依尔福 100 DELTA 型（ISO100）	感光度为 ISO100,层次丰富,微粒,清晰度高,适合室内和室外摄影。
	依尔福 400 DELTA 型（ISO400）	感光度为 ISO400,颗粒细腻,层次丰富,应用范围广。
	依尔福 FP-4PLUS 型（ISO125）	感光度为 ISO125,反差适中,颗粒细腻,适合建筑摄影、人像摄影和风光摄影等。
	依尔福 HP-5PLUS 型（ISO400）	感光度为 ISO400,通过增强显影,可将感光度提高到 ISO3200,颗粒细,分辨率高,层次丰富,适合拍摄动体或低光照下的景物。
	依尔福 XP-2super 黑白胶片	感光度为 ISO100,黑白染料片,用 C-41 工艺冲洗,颗粒细腻,清晰度高,适用范围比较广,特别适合广告、婚礼、新闻和体育摄影等。

世纪彩感光胶片

表 8-7

彩色胶片	世纪彩 100	感光度为 ISO100 的日光型胶卷,适合室外摄影,在阳光或阴影下拍摄,色彩自然鲜艳,宽容度大,层次丰富。
	世纪彩 200	感光度为 ISO200 的日光型胶卷,颗粒极细,宽容度较大,适合在多种场合(包括荧光灯、混合光源的照明条件)下拍摄。在动态摄影中可以得到清晰的影像,肤色柔和,质感好。
	世纪彩 400	感光度为 ISO400 的高感光度日光型胶卷,曝光范围更大,适合在现场光不足的场合拍摄动态景物,色彩丰富、自然。
	世纪彩 800	感光度为 ISO800 的高感光度日光型胶卷,适合在低光照条件下拍摄和动态摄影。色彩丰富,分辨率高,颗粒细。
	Color Centuria Super 1600	感光度为 ISO1600 的高感光度日光型胶卷,适合业余或职业摄影师拍摄动态和星体等景物,对于常规摄影也是很好的选择。宽容度大,感光度高,在荧光灯下拍摄也有出众的表现。在没有闪光灯的情况下,可以抓取低光照条件下的景物。
黑白胶片	Monochrome VX 400	感光度为 ISO400 的黑白片,有很多加工方法可供选择,但不会损失影像质量。这种独特的黑白片可以印制在彩色相纸上,得到黑白或单色影像,也可印制在黑白相纸上,制作出真正的黑白照片。虽然感光度高,但颗粒性和清晰度非常好。

柯达感光胶片

表 8-8

柯达民用胶片系列		
柯达反转片	KODACHROM E64	感光度为 ISO64 的反转片,可制作投影幻灯片,清晰度很好。拍摄光照充足条件下的景物和特写,清晰度也很好。用 K-14 工艺冲洗。
	KODACHROME 200	感光度为 ISO200 的反转片, 可用于快速动体和低光照条件下的拍摄,清晰度非常好。用 K-14 工艺冲洗。
彩色负片	KODAK ROYAL GOLD100	感光度为 ISO100 的彩色负片,拍摄明亮照明条件下的景物和特写,可获得丰富的层次。
	KODAK ROYAL GOLD200	感光度为 ISO200 的彩色负片,在户外日光照明和室内闪光照明条件下拍摄,可获得丰富的层次。
	KODAK ROYAL GOLD400	感光度为 ISO400 的彩色负片,可用于拍摄快速动体的细部层次。
彩色负片	ADVANTIX 100 Film	用于 APS 相机的彩色负片, 感光度为 ISO100, 是柯达同类产品中颗粒最细的,可提供杰出的影像质量。
	ADVANTIX 200 Film	用于 APS 相机的彩色负片,感光度为 ISO200,提供颗粒度、清晰度与色彩的最好组合。
	KODAK ADVANTIX 400 Film	用于 APS 相机的彩色负片,适合在低亮度照明条件下拍摄景物,适合抓取快速的动体。
	KODAK Black and White + 400 Film	用于 APS 相机的黑白胶片,感光度为 ISO400,可获得极好的黑白影像。用彩色负片的 C-41 工艺冲洗。
黑白负片	KODAK Black and White + 400 Film	柯达 Select 系列的最新成员,可以获得极好的黑白影像,用彩色负片的 C-41 工艺冲洗。
彩色反转片	KODAK ELITE Chrome 100	感光度为 ISO100,非常适合在明亮的照明条件下拍摄,包括拍摄特写。
	KODAK ELITE hrome Extra Color 100	在目前感光度为 ISO100 的民用反转片中,其色彩饱和度最高。
	KODAK ELITE Chrome 160T Tungsten	感光度为 ISO160, 在钨丝灯光照明下, 可获得华丽的室内照片。这是市场上唯一的民用灯光片。
	KODAK ELITE Chrome 200	感光度为 ISO200, 在明亮、中等甚至光照程度很低时, 都可得到很好的颗粒度。
	KODAK ELITE Chrome 400	感光度为 ISO400,是一种高感光度、高反差、高饱和度的反转片,适合拍摄快速动体和低光照条件下的景物。

柯达金胶片	KODAK GOLD 100	感光度为 ISO100,是使用非常广泛的普通摄影负片,适合在明亮的光照条件下拍摄。
	KODAK GOLD 200	感光度为 ISO200,是使用非常广泛的普通摄影负片。
	KODAK GOLD 400 Film-110 size	感光度为 ISO400,是用于 110 相机的彩色负片。可在日光或电子闪光灯下曝光,具有色彩饱和准确、颗粒细和清晰度高这些低感光度胶片所具有的特性。另外,这种胶片的曝光宽容度比任何民用彩色负片都大,可在各种照明条件下拍摄出色的照片,特别适用于自动曝光相机。
柯达MAX胶片	NEW KODAK MAX400 KODAK MAX Zoom800	感光度为 ISO400,用途广泛,适合拍摄日光或低照度下的景物、动态物体和静物,比低速片效果要好。 感光度为 ISO800,是 35 毫米变焦相机用途最多的负片,具有清晰度高、色彩丰富、饱和度高的特性,闪光范围和景深更大,暗部细节更多。
专业彩色反转片		
柯达克罗姆	KODACHROME 25 Professional Film /PKM	感光度为 ISO25,用 K-14 工艺冲洗,适合拍摄户外、旅行、广告、医学、博物馆等题材,影像非常清晰,颗粒极细,色彩再现真实自然。
	KODACHROME 64 Professional Film /PKR	感光度为 ISO64,适合拍摄广告、医学、新闻、旅行、自然物等题材,影像非常清晰,颗粒极细,色彩再现真实自然。用 K-14 工艺冲洗。
	KODACHROME 200 Professional Film/PKL	感光度为 ISO200,适合拍摄运动会、新闻、舞台演出和自然景物等题材。用摄远镜头可使动作凝固。影像非常清晰,颗粒极细,色彩再现真实自然。用 K-14 工艺冲洗。
柯达埃克塔克罗姆	KODAK EKTACHROME 100 Plus Professional Film (EPP)	感光度为 ISO100 的日光型胶片,表现皮肤色调令人喜爱,色彩饱和度适中,适合拍摄时尚、广告、家具等题材。
	KODAK EKTACHROME 100 Professional Film (EPN)	感光度为 ISO100 的日光型胶片,具有准确自然的色彩再现能力,适合拍摄产品介绍、建筑、医学、科学、博物馆、艺术、复制等题材。
	KODAK EKTACHROME 160T Professional Film (EPT)	感光度为 ISO160 的中速、细颗粒、高清晰度的灯光型反转片,适合在不稳定的灯光下拍摄时尚、新闻和工业产品等题材。
	KODAK EKTACHROME 200 Professional Film (EPD)	感光度为 ISO200 的日光型胶片,适合拍摄时尚风情。可用 C-41 工艺冲洗,常规冲洗工艺为 E-6。
	KODAK EKTACHROME 320T Professional Film (EPJ)	感光度为 ISO320 的灯光型胶片,适合拍摄室内低光照条件下的物体或需要长景深的景物,以及电视画面、电影画面、舞台演出、医学、运动会、新闻事件等,影像清晰度很好。
	KODAK EKTACHROME 400X Professional Film (EPL)	感光度为 ISO400 的日光型胶片,用于低光照环境下的拍摄和对快速运动物体的拍摄,以及舞台和新闻等题材的拍摄。

柯达埃克塔克罗姆	KODAK EKTACHROME 64 Professional Film(EPR)	感光度为 ISO64 的日光型胶片,提高了色彩饱和度,具有令人喜爱的肌肤色调,清晰度高,质感好,颗粒细,适合拍摄时尚及广告题材。
	KODAK EKTACHROME 64T Professional Film(EPY)	感光度为 ISO64 的灯光型胶片,中性色彩平衡,具有丰富的色彩,适合拍摄商品、家具、工业和医学等题材,以及艺术品的复制等。
	KODAK EKTACHROME P1600 Professional Film (EPH)	日光型胶片,感光度为 EI1600 (强显),适合在低光照条件下用小光孔与短时间曝光拍摄动体,以获得长景深,也可用于创作颗粒效果。加工工艺为 E-6P。
	KODAK EKTACHROME Professional E100S Film	感光度为 ISO100,E100S 的 S 意为饱和,色彩明亮而饱和,皮肤色调再现出色,亮部明快,暗部层次丰富,适合拍摄广告、建筑、新闻、产品、工业、时尚风情等题材。
柯达克罗姆	KODAK EKTACHROME Professional E100SW Film	感光度为 ISO100 的日光型胶片,E100SW 中的 SW 意为饱和的暖色调,可对阴天或冷光照明进行补偿,皮肤色调再现好,细颗粒,清晰度高,亮部明快,暗部层次丰富,适合拍摄广告、建筑、工业、新闻、时尚风情、旅行、运动等题材。
	KODAK PROFESSIONAL Film E100VS	感光度为 ISO100 的日光型胶片,色彩鲜明、饱和,可强显 1 挡,适合拍摄自然风光、野生动植物、食品、珠宝等题材。
	KODAK PROFESSIONAL EKTACHROME Film E200	感光度为 ISO200 的日光型胶片,中等反差,可强显,使曝光指数达到 EI1000,使拍摄范围延伸到现场光条件下。比其他高速片反差低,可很好地再现高光和阴影部分的细节。比其他高速片颗粒细,肌肤色彩自然美丽,曝光时间从 10 秒至 1/10,000 秒,不用校正曝光量。
柯达埃克塔克罗姆电子输出胶片	KODAK EKTACHROME Electronic Output Film 100	感光度为 ISO100,曝光光源为氙弧光、阴极射线管、激光或类似光源。最高密度(D-max)很高,使黑色更深,改善了阴影部分层次,高光部分最高密度的反差得到改善,使白色鲜明,改善了在某些胶片记录器上的曝光时间。用于记录第一代从数字相机创作的电子原作,或由计算机创作的第二代原作的胶片影像。用 E-6 工艺加工。尺寸有 8×10(厘米)和 11×14(厘米)散页片。
	KODAK EKTACHROME Electronic Output Film 200	感光度为 ISO200,曝光光源为磷光体(via CRT)加滤光镜。最高密度(D-max)很高,使黑色与中间调很出色,用于记录第一代从数字相机创作的电子原作,或由计算机创作的第二代原作的胶片影像。用 E-6 工艺加工。
	KODAK EKTACHROME Electronic Output Film 64T	感光度为 ISO64,光源为钨丝灯,最高密度(D-max)很高,使黑色与中间调出色。用于记录第一代从数字相机创作的电子原作,或由计算机创作的第二代原作的胶片影像。用 E-6 工艺加工。尺寸有 8×10(厘米)和 11×14(厘米)散页片。
专业红外片	KODAK EKTACHROME Professional Infrared EIR Film	曝光指数为 EI100,正确的冲洗工艺为 AR-5。用 E-6 工艺冲洗是不准确的,但色彩更饱和,曝光指数为 EI200。色彩饱和度和反差较高,对绿光、红光和红外线敏感。红外的物体显现为红色或品红色,可在时尚风情、医学等方面拍摄出色彩独特的艺术效果。

常用相纸的品牌和型号

乐凯相纸

表 8-9

乐凯黑白相纸	绒面、绸面黑白涂塑相纸	本产品银影色调及耐显性均达到了较高水平，具备显影时间短、定影速度快的特点，适合高温快速加工，其最大密度高于国内同类产品。可常温手工盘显，也可高温自动加工。本产品是为人像放大和制作大尺寸照片而设计的黑白相纸新产品，有 1 号、2 号、3 号、4 号 4 个反差等级，灰雾度小、高密度值高、质地洁白、色调中黑、视觉明快、层次丰富、影像质感好，作印相用也有同样效果。有散页纸、卷筒纸。
乐凯彩色相纸	乐凯 04 型彩色相纸	通用型彩色相纸，采用 EP-2 加工工艺。既适合商业扩印使用，也适合接触法印片或人像精制放大。它与乐凯金 BR 系列彩色负片或其他同类彩色负片配套使用，可得到色彩鲜艳、层次丰富的彩色照片，是乐凯 03 型彩色相纸的换代产品。感色性更好，彩色还原更真实，对阴影部和亮部的景物均有较好的表现，提高了色反差，色彩更明快、更鲜艳饱和，清晰度更高。
	乐凯 SA-2 型彩色相纸	通用型涂塑彩色相纸，用于彩色负片的扩印或放大。采用 RA-4 工艺及其兼容套药，加工印出的照片色彩鲜艳、层次丰富，是乐凯 SA-1 型彩色相纸的换代产品。改善了互易律特性，在低照度条件下，其三层感光度稳定，并保证大幅画面的反差效果。可用于工业、商业和广告摄影。具有良好的白度和黑度，对薄底片和厚底片有很强的适应能力。提高了对药液波动的适应性和抗疲劳药液的能力。
	乐凯彩色放大纸——彩晶人像	专业彩色放大纸，专为人像摄影精放而设计，适用于 RA-4 及其他兼容套药加工工艺，是乐凯彩色相纸产品家族的新成员。反差适中，层次丰富，更适合婚纱及影楼人像摄影。互易律得到改善，随曝光时间的延长，反差基本不变;具有极好的白度，画面更显亮丽;黑度纯正，色彩还原艳丽逼真;曝光宽容度大，使用方便，成功率高;对薄底片和厚底片有很强的适应能力;具有良好的影像稳定性，印制的照片有良好的保存性。

公元相纸

表 8-10

黑白相纸	公元牌 II 型相纸	按用途分为印相纸和放大纸两大类，各有 1 号、2 号、3 号、4 号 4 个反差等级，并各有大光、绸纹、绒面等多种纸面，花色品种齐全，冷暖色调兼备。显影速度快，宽容度大，耐冲性好，灰雾度低，最大密度高，白度好，影像清晰，层次丰富，保存期长。适合制作各种不同尺寸的人像照片、风光照片及艺术照片。形成的金属银影像极为稳定，经久不变，适合长期保存。

黑白相纸	公元牌 RC 型相纸	系采用涂塑纸基生产的氯溴化银黑白相纸,纸基平整,不吸水,加工快捷,无需上光,既可常温手工冲洗,又特别适合高温快速机器冲洗。按用途分为印相纸和放大纸两大类,各有 1 号、2 号、3 号、4 号 4 个反差等级;各有大光、绸纹等多种纸面,品种齐全。显影速度快,宽容度大,耐冲性好,灰雾度低,最大密度高,质地洁白,影像清晰,层次丰富,适合制作各种不同尺寸的人像照片、风光照片及艺术照片,尤其适合制作大尺寸展览照片。

阿克发相纸

表 8-11

黑白相纸	Agfa Multicontrast Classic paper	系一流的可变反差黑白相纸。多层乳剂涂布于钡地纸基上,在特性曲线的直线部,可最好地再现中灰影调,有很高的最大密度值。
	Agfa Multicontrast Premium paper	系通用型的可变反差涂塑黑白相纸。对每一曝光方法(常规的或数字的)都能得到很高的影像质量。影调范围大,纯白,最大密度值高。
彩色相纸	AGFACOLOR PRESTIGE Digital PAPER	系用数字影像文件制作彩色照片具有极高质量的涂塑厚纸基相纸。
	AGFACOLOR PRESTIGE PRESTIGE PAPER	系质量极高的涂塑放大纸,用于从各种彩色底片或 Agfa 数字印片系统得到的幻灯片制作彩色照片,能达到极高的质量标准。
	AGFACOLOR PAPER TYPE 11	系可从各种彩色底片制作彩色照片的放大纸,也可从 Agfa 数字印片系统得到的幻灯片印制彩色照片,符合最高质量标准。
	AGFACOLOR PROFESSIONAL PORTRAIT PAPER	系可从彩色底片印制彩色照片的涂塑专业放大纸,皮肤色调再现极佳,比标准相纸反差低,高光和阴影部分清晰度好,可以满足人像摄影的质量需求。
	AGFACOLOR LASER II PAPER	系彩色负性涂塑相纸,用于从数字影像文本原作制作彩色照片,是 AGFA LASER PAPER 的替代产品。专门为激光、发光二极管和阴极射线管数字印片机和其他数字输出设备设计。红和品红色空间进一步得到扩大,色彩再现效果更好。

富士相纸

表 8-12

富士相纸	FUJITRANS CRYSTAL ARCHIVE DISPLAY MATERIAL	系彩色透明展示材料,能通过接触印片、常规放大方法从中间底片或彩色原底制作彩色透明片,也可用于激光曝光记录数字影像,适合制作广告和展览用大画幅彩色透明片。互易特性好,层次丰富,对于不同的曝光光源,可产生高密度,能清楚地再现阴影部分的细节。色彩饱和度高,能忠实地再现绿色、蓝色和黄色。

富士相纸	Fujicolor Crystal Archive Paper	系水晶存档彩色相纸,色调能得到精确的控制。
	Fujicolor Crystal Archive Professional Paper type PIII	系为人像和婚纱摄影而设计的彩色相纸,色彩再现极好。
	Fujicolor Crystal Archive Professional Paper type C	系为商业广告摄影制作而设计的彩色相纸,色彩再现极好,质地纯白。
	FujiColor Crystal Archive Professional Paper Type CD	本产品适合从大型数字系统的激光打印机或其他数字曝光设备制作鲜明的商业广告,可以满足专业摄影师从事展览、广告以及商业摄影的需要,色调丰富,色彩再现逼真,清晰度特别高。

依尔福相纸

表 8-13

黑白相纸	ILFORD MULTGRADE RC WARMTONE	系高质量可变反差黑白相纸，暖调的纸基，暖调的黑色影像，是 ILFORD MULTGRADE 系列中的一个成员。可用现有的 MULTGRADE 滤光片从常规的黑白底片和黑白染料片(如 ILFORD XP2 SUPER)制作黑白照片。涂塑纸基 190 克/平方米。
	ILFORD MULTGRADE RC COOLTONE	系高质量可变反差黑白相纸，冷调的纸基，冷调的黑色影像，是 ILFORD MULTGRADE 系列中的一个成员。可用现有的 MULTGRADE 滤光片从黑白底片和黑白染料片(如 ILFORD XP2 SUPER)制作黑白照片。涂塑纸基 190 克/平方米。
	ILFORD MULTGRADE IV FB Fiber	系高质量可变反差黑白相纸,是 ILFORD MULTGRADE 系列中的一个成员。可用现有的 MULTGRADE 滤光片从黑白底片和黑白染料片(如 ILFORD XP2 SUPER)制作黑白照片。纤维纸基 255 克/平方米,有光面和绒面两种。
	ILFORD ILFOSPEED RC Deluxe	系高质量黑白涂塑相纸,纸基 190 克/平方米,纸基亮白,适合多种用途,包括商业摄影、工业摄影、广告摄影和摄影展览等。光面纸有 0~5 个反差等级,珠光面有 1~5 个等级,半绒面有 1~4 个等级。
	ILFORD ILFOBROM GALERIE FB	系传统的纤维纸基黑白相纸,具有高质量的影调再现,能产生丰富的黑色和亮白,长时间水洗不泛黄,质量稳定性好。

柯尼卡相纸

表 8-14

相纸	柯尼卡 A7 快速相纸	适合从各种胶卷制作彩色照片,能完美地再现彩色影像,是 A6 型快速相纸的替代产品,能使白色更白,从高光部到阴影部,层次丰富。A7 型快速相纸成像更具稳定性,使用更方便。

柯达相纸

表 8–15

彩色相纸	KODAK EKTACOLOR Edge 8 Paper	系新型彩色相纸,是 KODAK EKTACOLOR Edge 7 Paper 的替代产品,用于从彩色底片制作彩色照片。为常规光学印片和数字成像系统设计,增强了色饱和度和卓越的影像稳定性。色彩更鲜明、更丰富,绿色、蓝色和红色更明亮,肤色更自然。用 RA–4 工艺加工。
	KODAK PROFESSIONAL PANALURE SELECT RC Paper	系全色性黑白相纸,设计用于从彩色底片放大照片或低照明亮度下的接触印片。有 3 个反差等级的相纸来适应不同的景物反差和底片质量。L 级用于从高反差的底片印放照片,M 级用于从中等反差的底片印放照片,H 级用于从低反差的底片印放照片。是 KODAK Developers:(machine)POLYMAX RT;(tray)DEKTOL,EKTONOL,POLYMAX T KODAK 13 的替代产品。
黑白相纸	KODAK PROFESSIONAL POLYMAX II RC Paper	系可变反差黑白涂塑相纸,高亮度区域具有很多的细节,适合报道摄影、商业广告摄影和工业摄影等,是柯达黑白相纸中反差范围最大的。中性影调,白色亮,黑色深,使柯达 T–MAX 专业胶片表现更好。
	KODAK PROFESSIONAL KODABROME II RC Paper	系有 5 个反差等级(软、中、硬、非常硬、极硬)的快速相纸,适合常规用途。中性的黑色调,涂塑纸基有利于快速干燥。
	KODAK PROFESSIONAL POLYCONTRAST III RC Paper	系快速可变反差放大纸,使用 KODAK POLYMAX 滤光镜调节反差,适合常规广告、展览、地图等用途,具有中性的黑色影调。

选用胶片应考虑的因素

选择胶片应考虑的因素

◎**拍摄条件的限制** 选择胶片应考虑拍摄的主题和主体是什么;是新闻报道,还是商品广告;被摄体是人像,还是商品;是静物,还是运动物体;在什么环境中拍摄;是白天,还是夜晚;是室内,还是室外;光源能否控制。

◎**影像质量的要求** 影像尺寸需要多大;观看的是幻灯片,还是照片;最终影像是黑白的,还是彩色的;是否要准确地记录景物的色彩。

相关参数

在选择感光胶片时应关注下列参数。

◎**光源的类型和感光度** 所有的彩色胶片都是与特定光源的色温相匹配的。为了得到正常的色彩再现,室内摄影应使用灯光型胶片,室外摄影应选用日光型胶片。高感光度胶片是为在低光照条件下使用设计的,如果是在现有光条件下拍摄,就需要使用高感光度胶片,比如从事新闻摄影。

◎**所需的滤光片类型** 如果照明中有不可控因素,就需要使用几种滤光片来调整进入相机的色光。因考虑到滤光片的阻光程度会减少曝光量,就需要做一定的曝光补偿。若补偿曝光量比较大,则有必要考虑选用高感光度胶片,以便能记录下影像的层次。

◎**感光度和颗粒度** 如果在照度高的条件下拍摄,宜使用中速片或低速片,比如从事广告摄影。若使用了高感光度胶片,即便用了最小光圈,曝光还可能过度,这时为了曝光正确,需要在镜头前加灰片。而且使用高感光度胶片对景深的调节也会限制,同时,影像的颗粒也粗。再者,高感光度胶片的费用也高。因此,为了获得细颗粒的效果,应选用感光度低的胶片。

◎**影像尺寸** 应根据最终的照片、反转片或灯箱片的画幅大小考虑胶片的尺寸。如果需要高倍率放大,在拍摄时应选用大尺寸负片,以减少放大倍率。

◎**最终影像的形式** 最终影像是黑白的,还是彩色的;影像要传达什么样的视觉感受。显然,由彩色片提供的色调和密度比黑白片的消色影调能传递更多的信息。然而谁也不敢断言,彩色片受欢迎,而黑白片就不受欢迎了。应根据作品的用途选择使用的胶片。比如,为报纸投新闻稿,以黑白片为多,用于比赛、展览、教学、科研、资料等,则应依不同需要选择黑白片或彩色片、反转片或负片。

◎**冲洗和制作** 若拍摄后的胶片无处冲洗加工,岂不遗憾?不是所有的冲洗店都能加工所有种类的胶片。比如,目前大部分彩扩店都能用 C-41 工艺加工彩色负片,而用 E-6 工艺加工彩色反转片则不是很多,黑白胶片加工店也不多。有的片种,比如 APS 胶卷,很少有冲洗部门接收;有的胶卷,比如 kodakchrom 在国内没有冲洗店。因此,冲洗加工方便与否,也是摄影者选择胶片时必须考虑的问题。

另一个重要的问题是,摄影者必须向洗印部门的工作人员说明你对影像的特殊要求,如影像的色彩、密度等,避免由此产生的麻烦。选择一个熟悉的、能满足你创作需要的冲洗制作单位,是很值得的。

感光材料的保存

未使用感光材料的保存

在感光材料的存放期间，感光剂卤化银晶体的化学成熟不可能绝对终止，仍以缓慢的速度进行着，它会导致摄影性能的衰退，如感光度有所下降，灰雾密度上升，还会导致物理性能下降。但是，化学反应进行的程度是受到温度、时间等因素制约的，因此，感光材料的保存条件应得到严格的控制。

◎**原装保存**　首先，胶卷、相纸应原封装保存。大盘装的生胶片出厂后，是在适当的湿度下放入胶片盒的，并用胶布密封；摄影胶卷则放入暗盒和塑料盒中保存，这样胶片就不受外界湿度的影响了。

若相对湿度高，会使明胶生长霉菌，使醋酸片基变质、收缩，使乳剂发生粘连。

若在相对湿度低的情况下长时间存放，胶片就会发脆、卷曲，在使用时就可能龟裂，甚至断裂。

◎**隔热、防水**　生胶片要远离热源和使胶片发粘的水分。夏季外出创作，在酷热阳光下停放的汽车车内温度很容易上升到55℃(130℉)，这对比较脆弱的胶片来说特别敏感。

低温是减缓胶片感光性能变化的最好手段。如果胶片的保存期在3个月之内，温度应为13℃(55℉)或更低。如果胶片要保存3个月以上，温度应为–18℃~–23℃(0℉~10℉)或更低。

注意：在胶片保存温度和环境温度不一致时，不能立即打开胶片包装。在使用前，要将低温下保存的胶卷，提前1~2小时取出，让胶片的温度逐渐回升，和环境温度平衡才能启用，这样可以避免水分冷凝在胶片上，出现水迹斑点。胶片温度回升的时间和胶片的量有关，也和冷藏、冷冻的温度有关。单一的胶卷温度回升需要的时间短些，大约0.5~1小时左右。1000尺长的35毫米盘片则需要3小时左右。

◎**远离有害气体**　胶片要避开有害气体。有害气体指甲醛、硫化氢、过氧化氢、二氧化硫、氨水、煤气、汽车尾气等。同样，也要避免胶片与樟脑丸、干洗店的挥发性气体、松节油、水银以及防止霉菌或真菌产生的防霉剂接触。

这些有害气体常常存在于壁橱或储藏室内。氨水、甲醛、硫化氢等气体的刺激性味道很容易识别，甲醛不仅多用在生物标本上，而且常常就在我们周围，如木板、墙围、橱柜、家具以及绝缘层和人造纤维制品中。

◎**防辐射**　防辐射是生胶片使用者要特别重视的，不论是明显的辐射源，还是周围环境中的辐射，都要有意识地避免。始终要坚持一个原则，曝光后的胶片要及时送洗，以减少污染的机会。

周围环境的射线由两部分组成，一种是放射性元素衰变后的低能量组分，另一种是地球上层的大气中宇宙射线相互作用的高能量产物。第一种放射性元素是存在于土地、岩石中的低能量光子,常被带入建筑材料,如混凝土中。对于长久贮藏的生胶片,它仍然是造成辐射污染的不可忽视的因素。

周围环境的辐射会增加感光材料的最小密度,降低趾部的反差和感光度,而且增加颗粒。

◎**在保存期内使用**　感光材料应在保存期内使用,而且应尽量在购买之后就使用。胶片性能的改变取决于几个因素,如感光度高低、在冲洗之前受辐射的时间长短等。高感光度胶片即使保存在0℃环境中,在超过6个月之后,也会受到一定的影响。最好在购买胶片后的6个月之内拍摄并冲洗完毕。

◎**运输和携带时应注意潜在的辐射**　国内机场使用电子装置和X射线装备检查旅客及手提行李。胶片可以容许一些射线通过,但是,过度的曝光量将使其产生灰雾和颗粒,这对于高感光度胶片的影响不容忽视。在美国的机场,一般采用水平非常低的X射线检查行李,因此不会使胶片产生明显的灰雾。大多数胶片检查站可以改变辐射强度。

必须注意的是,X射线的效果是累积的,反复的X射线检查可能导致胶片灰雾和颗粒的增加。因此可以携带未冲洗的胶片,包括装在相机中的胶片,请求检查人员凭视力检查,尽量避开X射线的辐射。

国际机场安全检查措施对未冲洗胶片可能造成威胁。不仅X射线有威胁,而且还有一种可能就是胶片盒被机场管理者无意中打开。最好是用所经国家的文字写明你将到达的目的地,并说明有关情况,把你的出发时间、班机和航线等告知机场检查人员,列出所携带的胶片和装备清单。可以询问机场方面是否有别的方式来确保胶片安全。在入境和出境时,都需要这样做。

还有一种办法,就是在当地拍摄后就地冲洗。这样至少可以免去一次辐射的威胁。

已曝光感光材料(主要指胶片)的保存

对于已拍摄的胶卷,卤化银晶体上存有肉眼看不见的潜在影像,在未冲洗之前,若受到下列因素的影响,潜影就会有衰退的可能性。如果潜影衰退,冲洗出来的影像就比曝光后立即冲洗得到的影像要淡,原因是组成潜影的银在与空气中的氧气、水分接触后被氧化为银离子。

◎**影响潜影衰退的因素**

1. 温度的影响。潜影被氧化,发生的是氧化还原反应,它受温度的影响很大,温度越高,反应越剧烈。

2. 湿度的影响。化学反应在有水分存在时会进行得更快,所以湿度越大,潜影衰退得越快。

3. 氧气的影响。既然潜影衰退是氧化反应,则氧气越多,潜影衰退就越快。

4.感光乳剂本身的影响。感光剂卤化银颗粒大,受光面积大,曝光时生成的潜影比较稳定,卤化银颗粒小,接受的曝光量少,生成的潜影不如前者稳定。

◎**避免潜影衰退的措施** 为了避免潜影衰退,应注意以下两点:

1.已曝光的胶卷应尽快冲洗。

2.不能及时冲洗的已曝光胶片,应在低温、低湿条件下暂时保存,同时要密封,以减少氧化,而且保存时间不能太长。

加工后的影像保存

影像的保存旨在使银影像和染料影像在存放期间保持影像不衰退,尤其是保持彩色影像的稳定。但是,在影像存放期间,会遇到很多损害,常见的有化学损害、生物性损害和物理损害。

历史上曾经出现过这样的事件:从20世纪50年代开始使用的彩色片,没过多久就开始退色。这使摄影界大伤脑筋。彩色片退色的新闻报道曾引起了强烈的反响。电影导演因此用黑白片拍摄了《愤怒的公牛》以示抗议,照相机用户也纷纷指责。美国《大众摄影》因此进行了彩色片退色实验,结果表明,彩色片在保存了十几年后就出现了明显的退色现象。这使各个胶片生产厂家颇为紧张。为了延长彩色影像的保存期限,专家们努力寻找良方,希望能够保存100年。

这也成为20世纪80年代后期胶片生产厂家努力追求的目标,并取得了长足的进步。

◎**侵害影像的因素**

●**化学损害** 我们把黑白银影像和彩色染料影像因化学变化引起结构改变,使其对光的吸收能力受损、光学密度降低的现象称为退色。有的银影像在加工后的保存过程中变为棕色、黄色等,而彩色片中的某种染料色彩逐渐变浅,使彩色影像变白。

对于黑白影像,残留在乳剂中的药液的某些成分和组成影像的银发生作用,使影像退色或变色。在保存期间,如定影液中的海波、海波和银的络合物等,这些物质会在一定的温度、湿度下分解,和银结合,形成黄色的硫化银。

对于彩色影像,染料的水解、残留成色剂的氧化是影像退色和变色的主要原因。

彩色影像保存实践证明:使用不同类型的感光材料制作的彩色影像,其染料的稳定性是不同的,例如,用银漂法制作的彩色影像,其稳定性远远大于用多层彩色感光材料制作的影像;一步成像的染料稳定性不及多层彩色胶片及银漂法胶片。

彩色影像的退色主要是由染料的水解和氧化还原作用造成的。其反应速度和影像的保存温度、湿度以及环境中的有害气体(如二氧化硫、氧化氮、臭氧等)的含量有密切关系。

而将同一类感光材料用不同的冲洗工艺或不同的冲洗条件冲洗,影像的稳定性也会大不相同。

彩色影像的退色、变色可以分为两类:一类是发生在光照条件下的,称为光退色;另一类发生在暗环境中,称为暗退色。橱窗里陈列的彩色照片日久退变为蓝青色就是光退色的一个很好的例证。由于组成影像的三种染料的退色速度不一致,品红和黄染料退色比较快,影像就显蓝青色了。而对彩色电影拷贝来说,暗退色就是主要问题了。因为每次放映时,拷贝上的每个画格经过片窗的时间仅为1/24秒,光照引起的退色不是主要的,其主要的退色反应是在金属片盒中悄悄进行的,由于在此条件下,青染料退色速度较快,所以在若干年后,拷贝就会变成红黄色了。

退变色的同时,往往伴随着影像密度的降低,甚至影像模糊。

● **生物性损害** 主要指在高温潮湿的保存条件下,乳剂滋长霉菌,吞食明胶,使影像缺损、退色。

● **物理损害** 指影像受到化学、生物性损伤以外的机械划伤等外形损伤。

◎ **度量彩色影像退色的尺度** 事实上,彩色影像的衰退是不可避免的,只是速度问题。彩色相纸刚刚问世时,其寿命是以小时计的。到了1984年,就有生产厂家宣称,可以保存100年的彩色相纸问世了。

经过影像保存专家多年的探索,从大量的试验数据中统计后发现,当整体密度损失小于25%、黄和品红染料损失分别在10%以下、青染料损失在15%以下时,人们对其颜色的衰退是不敏感的。另外,当色彩由冷色调向暖色调偏移时,比由暖色调向冷色调偏移更容易让人接受。所以在进行彩色影像稳定性试验时,一般就将色彩损失10%作为退色标准。

◎ **暗退色的预测** 众所周知,在彩色影像保存期间,其退变色是由于化学反应引起的,在大多数情况下,其反应速度决定于彩色影像的保存温度和湿度。随着温度和湿度的提高,化学反应速度加快,染料退色速度也随之加快。

在研究暗退色时,由于在常温条件下染料的暗退色需要经过相当长的时间才能看出效果,但在研究新染料、推出新产品、评定影像色彩质量时,需要及时对染料的色牢度进行预测,以保证彩色感光材料及相应的加工工艺研究得以顺利进行。在这种情况下,任其自然退色是无法进行工作的。为了解决该问题,人们采用了强制人工老化的方法,以便在几天或几周时间内,得到与几年、几十年相对应的退色效果。文献和资料中的有关稳定性数据都是这样获得的。

结论是:保存影像的温度越低,稳定性越好。据经验,温度降低4℃~5℃,寿命可以延长1倍左右。当相对湿度为15%时,对染料的稳定性是最有益的。当相对湿度由15%增加到60%时,退色速度加快了4倍,当相对湿度由40%增加到60%时,退色速度加快了1倍。

光退色的试验方法就是用指定的光源和强度照射彩色影像,直至达到规定的退色指标为止。光退色试验所用的光源有多种,有户外的阳光和室内来自室外光的照射、室内荧光灯的照明、展室的钨丝灯照明、幻灯放映机光源的照明等。试验所得的数据可以直接用来对不同彩色影像的稳定性进行比较,也可折算后对彩色影像在常规保存条件下的稳定性作出有参考价值的预测。结果表明:黄染料吸收紫外线,引起黄染料退色,但青染料吸收很少。引起退色的主要原因还是可见光。少量强光辐射引起的退色不及长时间低照度室内照明引起的退色严重。

◎**加工后影像保存的注意事项**

1. 选择使用适合长期保存的感光材料。

2. 关注加工过程。对于需要长期保存的影像,在冲洗时应尽量漂洗干净,尽量减少药液残留。不要用陈旧的药液来冲洗,以防止反应不完全,使某些成分沉积在影像载体上。

3. 储存条件。

①温湿度。有关加工后影像保存的温湿度条件,参考表8-16。

表8-16

	短期保存(6个月以下)		长期保存(6个月以上)	
	温度	相对湿度	温度	相对湿度
黑白影像	21℃	60%或更低	21℃	20%~30%
彩色影像	21℃	20%~50%	2℃	20%~30%

②要用最有效的系统把幻灯片和底片归档。比如以题材编号,加上说明、日期。对于底片,无论是彩色的,还是黑白的,最好是通过索引照片来查找,再利用对应的片边号码,找出相应的底片。

③要用最好的方法以及最稳定的材料储存单独的幻灯片或底片,底片本身应储存在底片袋中。用最合适的存储容器存放这些归档的资料,使透明片远离灰尘并防止划伤。存放处不应是木制的或薄纸板做的盒子,这些材料中一般含有酸性物质,会使乳剂变质。

④将所有的底片和透明片远离日光,应尽可能存放在黑暗处。避免将透明片频繁地投影放映,如果不能做到这一点,就要制作复制片。

DX 码的功能

DX 码系统的功能

　　DX 码系统是柯达公司于 20 世纪 70 年代开发的,1981 年首先用于彩色胶卷上。以后富士、阿克发等公司也相继使用。从 1989 年起,乐凯彩色胶卷也开始使用指定的 DX 编码号。这使摄影产品的标准化体系得以不断发展,而且在实际使用中,也为人们带来了便利。

　　DX 编码系统是 135 摄影胶卷及暗盒外面的可由机器直接读取的不同形式的组合编码,主要有 135 暗盒上的自动识别编码、暗盒条形码及条码注释、信息板、胶片上潜影条形码以及片头穿孔码等。DX 码可将胶片的相关信息传达给相机、冲洗扩印设备,提高了摄影制作的标准化和自动化水平。

　　◎**胶卷暗盒外面的相机自动识别码**　相机自动识别码由导电的银白色金属块和黑色涂漆绝缘块组成,共 12 块。导电块和绝缘块的不同排列方式,表示不同的感光度、拍摄张数和曝光宽容度。能识别 DX 码的相机内有一组电触点,当它与暗盒上的导电块和绝缘块接触时,就能识别暗盒内胶片的感光或曝光指数、曝光张数和曝光宽容度等信息。

　　相机自动识别码的排列模式是国际通用的。只要胶片的上述三项参数相同,它的自动识别码就是相同的。暗盒上黑白块的编号见图 8-1。

图 8-1　DX 码

　　其中第 1 块和第 7 块为公用/接地回路码块,在各种排列的编码中总是银白色导电块。第 2 至 第 6 块为感光度 ISO 或曝光指数,第 8 至 第 10 块为曝光张数,第 11 至 第 12 块为曝光宽容度,参见表 8-17。

表 8-17

感光度 ISO	银白块位置	感光度 ISO	银白块位置	感光度 ISO	银白块位置
25	1,5	160	1,3,5,6	1000	1,2,4,6
32	1,6	200	1,2,3,5	1250	1,2,4,5,6
40	1,5,6	250	1,2,3,6	1600	1,3,4,5
50	1,2,5	320	1,2,3,5,6	2000	1,3,4,6

感光度 ISO	银白块位置	感光度 ISO	银白块位置	感光度 ISO	银白块位置
64	1,2,6	400	1,4,5	2500	1,3,4,5,6
80	1,2,5,6	500	1,4,6	3200	1,2,3,4,5
100	1,3,5	640	1,4,5,6	4000	1,2,3,4,6
125	1,3,6	800	1,2,4,5	5000	1,2,3,4,5,6

表 8-18　DX 码暗盒上白块与胶卷长度的对应关系

银白方格位置	8	9	8,9	10	8,9,10
拍摄画幅	12	20	24	36	72

表 8-19　DX 码暗盒上白块与胶卷曝光宽容度的对应关系

银白方格位置	−	11	12	11, 12
宽容度	±0.5	±1	+2, −1	+3, −1

◎**信息板**　胶片暗盒外侧特定部位上标出的文字符号,如图 8-2 所示含有产品型号、商标、感光度、拍摄张数、冲洗工艺等内容,供使用者阅读。

◎**条形码**　这是由设在暗盒外侧特定位置上的宽窄不等的 19 条黑色条纹与白色空白区域构成的二进制编码,可由机器提取产品分类号码、胶片具体型号、拍摄张数等相关信息,见图 8-3。

◎**直读数字码**　由 6 位数字组成,表示内容与条形码相同。

◎**胶片片边的潜影条形码**　胶片生产厂家用曝光方法印制在胶片片边上的潜影条形码,包括数据行和定时行编码,显影后可见。它提供的信息同上,主要为自动扩印机服务,见图 8-4。

◎**片头穿孔码**　在胶片片头特定部位打出的孔状编码,由 3 排 12 个孔组成,内容、用途和条形码相同。由于打孔在某种程度上有损胶片的机械强度,所以现在用得不多。

图 8-2　胶片暗盒上的信息板

图 8-3　胶片暗盒上的条形码

图 8-4　胶片片边的潜影条形码

使用注意事项

若使用自动识别 DX 码相机,在选购胶卷时,最好选用带有 DX 码的胶卷。

一些自动相机能自动识码,但不可手动设定感光度。当使用的胶片是装在无 DX 码的暗盒中时,一般相机会自行对所装胶卷感光度设定一个默认值。不同相机设定的默认值不同,通常有两种:一种是设定为 ISO100,如康泰克斯、尼康等相机的某些型号;另一种是设定为 ISO25,如美能达、佳能等某些型号的相机就采用这种设定值。

如果不注意这一点,所装胶片的感光度和默认值不一致,就会出现曝光不正确的情况。若使用盘片自行分装胶卷,暗盒上的 DX 码要与胶卷的感光度、拍摄张数保持一致。

习 题

1. 常用感光材料有哪些类型? 不同类型的感光材料有何差异?
2. 选用感光材料应考虑哪些因素?
3. DX 码有何功能? 使用时应注意哪些问题?

9 影响彩色影像色平衡的因素

□ 在欣赏彩色影像的时候，人们对其色彩质量的优劣尤为关注。由于摄影影像的色彩受到多方面因素的影响，包括感光材料性能、拍摄时的照明条件、曝光条件、冲洗条件及保存条件等。因此，了解影像色彩的形成过程，掌握各个环节控制的方法，使其规范合理，并充分利用其优势，避免失误，是获得优质彩色影像的保证。

感光胶片的性能对色平衡的影响

在众多的感光材料中,彩色感光材料对质量的要求是很高的。

彩色负片和反转片都有三个乳剂层,其感光特性曲线有三条。在理想的情况下,三条曲线在同一曲线表中基本是上下平行的,但是受生产、运输、保存等条件的影响,感光材料的性能会发生一些变化。这些变化会影响影像色彩的平衡,并在感光特性曲线上有所反映。

彩色负片性能对影像色平衡的影响

◎**最小密度 D_0 对影像色平衡的影响** 在彩色负片的三层乳剂中,如果有一层的最小密度升高了,则曲线的位置会向上平移。如图 9–1 所示,图 A 是正常的彩色负片的特性曲线,图 B 是感蓝层最小密度偏高的示意图(图中虚线为正常的感蓝层特性曲线参考值)。

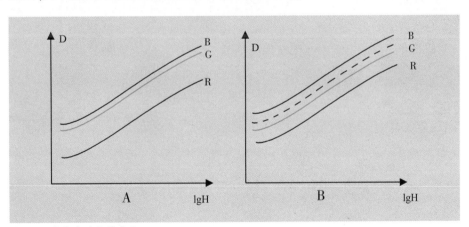

图 9–1 彩色负片灰雾密度

从上图可以看出,感蓝层的特性曲线比正常位置平行上移了一些,也就表明黄染料的密度过高。在印放到正片或相纸上时,如果不加以调整,正像画面会偏蓝色。三层乳剂的最小密度偏高时,色彩的偏差可见表 9–1(图中虚线为参考值)。

由最小密度偏高引起的色偏差是可以在印放时得到校正的,校正方法如表 9–2。

表 9-1

最小密度偏高的乳剂层	感蓝层	感绿层	感红层
底片的偏色情况	偏黄	偏品红	偏青
正像的偏色情况	偏蓝	偏绿	偏红
特性曲线	(D, R G B, lgH 曲线图)	(D, R G B, lgH 曲线图)	(D, R G B, lgH 曲线图)

表 9-2

正像的偏色情况	偏蓝	偏绿	偏红
校正方法	增加蓝光	增加绿光	增加红光

当然,最小密度的数值不能过高,因为过高会引起影像反差的降低和暗部层次的损失。密度在不超过正常值 0.1 的范围中尚可使用。

◎**感光度对影像色平衡的影响**　在正常情况下,三层乳剂的感光度是基本一致的,但有时也会有感光度不一致的情况。例如,以感绿层为例,从图 9-2 所示的特性曲线 A 上看,若感绿层的感光度偏高,冲洗后的底片上,生成的品红密度就偏高,正像画面则会偏绿。印放时,虽可加滤光片校正,但校正

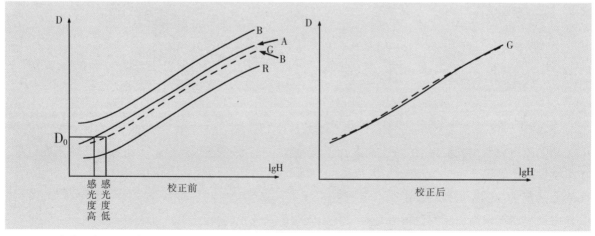

图 9-2　彩色负片感光度对色平衡的影响

162

的结果,相当于将特性曲线的位置进行上下平移,A 和 B 曲线的大部分区域可以重合,但趾部却出现矫枉过正的问题,在其他部分色彩正常时,由于底片的趾部偏绿,对应的正像画面的高密度部分则会偏品红色。

因此,在用此种类型的彩色负片拍摄时,应注意调整曝光量,尽量使用感光胶片的直线部分,避免使用趾部。

◎**反差系数对影像色平衡的影响**　如果彩色负片的三个感光乳剂层的反差系数不同,体现在感光特性曲线上,就会出现三条曲线相互不平行的情况,如图 9–3A 所示。

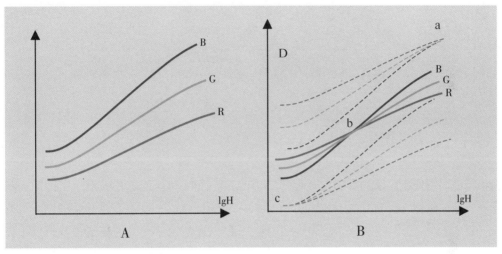

图 9–3　反差系数不平衡的彩色负片

加滤光片印放时,相当于三条特性曲线的位置被上下平移,从图中可以看出,只有某个局部达到色彩正常,如图 B 所示的 a、b、c 各点。印放时,若顾及 a 点,正像画面的亮部色彩可以达到正常,但是暗部、中间亮度部分就会偏红色;若顾及 c 点,正像画面的暗部色彩可以达到正常,但是亮部、中间亮度部分就会偏蓝色。一般情况下,对于这样的感光胶片,在印放过程中进行色彩校正时,应主要照顾处于中等亮度范围中的被摄主体,相当于 b 点所代表的景物,如人的肤色。这时的影像亮部和暗部的色彩往往是互补色。

要说明的是,在一般情况下,彩色负片的三条感光特性曲线的斜率不一定是完全平行的,如果只为色彩的饱和着想,负片的反差系数应略高些为好,但如果负片的反差定高了,在用闪光灯拍摄时,由于闪光灯的照射距离有限,远近景物的影像反差就会过大。为了使负片在不同光源(如白炽灯、闪光灯）下拍摄时都能得到反差适中的影像，感光材料生产厂家改变了以往三层乳剂反差系数一致的做法，将感蓝层的反差系数定得略高些，将感红层的反差系数定得低些。如乐凯光彩100彩色负片的反差系数定为 $\gamma_{蓝}=0.70$、$\gamma_{绿}=0.60$、$\gamma_{红}=0.55$。表9-3列出了实测的几种柯达专业负片的反差系数。

表9-3　实测的几种柯达专业负片的反差系数

	KODAK PRO 400 MC 负片	KODAK PRO 400 负片	KODAK PRO 100T 负片	KODAK PRO 1000 负片	KODAK PRO 100 负片	KODAK PROFESSIONAL EKTAPRESS PJ100
$\gamma_{蓝}$	0.6	0.72	0.67	0.70	0.67	0.80
$\gamma_{绿}$	0.55	0.60	0.62	0.60	0.64	0.71
$\gamma_{红}$	0.52	0.60	0.57	0.57	0.57	0.70

实际使用情况表明，各层反差系数相差在 0.15 之内，用视觉评价正像画面的色彩是能令人满意的。

彩色反转片性能对影像色平衡的影响

◎**最小密度对影像色平衡的影响**　彩色反转片的最小密度和彩色负片的最小密度成因不同，彩色反转片上密度最小的部位是画面中最亮的部位。如果这个部位的密度不是足够小的话，画面就会显得不够透明，发闷。因此，彩色反转片的最小密度越小越好，一般应小于 0.2，在这个数值以下，人眼是可以接受的。

由于冲洗之后的各层乳剂中，都会有剩余的成色剂存在，由加工药液引起的污染会在胶片上造成一定的密度，片基本身也具有一定的密度，加之由反转未完全引起的染料密度等，形成了反转片的最小密度。

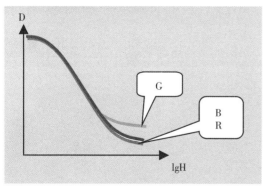

图9-4　最小密度对色平衡的影响（彩）

若三个感光乳剂层的最小密度不一致，影像的亮部就会出现色偏差。哪一层的密度高，亮部就偏向该层所生成的染料的色彩。如以图9-4为例，从特性曲线可以看出，感绿层密度高于感蓝层和感红层，表明生成的品红密度高，因而亮部偏品红色。

◎**最大密度对影像色平衡的影响**　最大密度 Dmax 是指反转片未曝光的部位经过反转冲洗后得到的密

度,即画面中最黑的部位。如果最大密度不够高,整个画面的反差就会受到影响。将最大密度描述在特性曲线上,就是曲线中最高点的密度。在理想的情况下,蓝绿红三个感色层的最大密度应该相等,且大于3.0。但由于人眼对高密度部分的色彩不很敏感,并且这一部分层次在画面中往往处于次要地位,因此,只要最大密度值高于2.50,画面的反差和色彩饱和度就可以为人眼所接受。

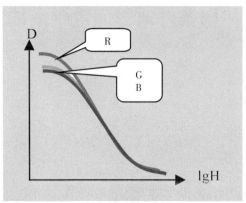

图9-5 最大密度对色平衡的影响

如果有的反转片三层乳剂的最高密度不平衡,影像的暗部就会出现偏色。哪一层的密度高,暗部就偏向该层所生成的染料的色彩。以图9-5为例,从特性曲线中可以看出,感红层密度高于感蓝层和感绿层,表明生成的青密度高,因而暗部偏青色。

◎**反差系数γ对影像色平衡的影响** 反转片的反差系数是负值,在实际使用时,应取其绝对值。由于反转片上的影像可供观赏,它的反差系数介于负片和正片之间,为1.8左右。当反转片三条特性曲线的反差系数相差较大时,影像色彩的偏差就不一致,如图9-6所示。除了在曲线交叉点上的色彩是正常的以外,高密度部分所偏色彩和低密度部分所偏色彩常常是互补的。

◎**感光度对影像色平衡的影响** 感光度不一致的胶片,三层乳剂的三条特性曲线不是重合的,而是左右平行的,参见图9-7。曲线越是靠近右侧,达到一定密度所需的曝光量越大,感光度越低。拍摄时,接受的曝光量比较少,冲洗时,留在胶片上的染料就多。从图9-7中可以看出,大部分影像的色彩偏于感光度低的那一层所生成的染料色彩。在图中,色彩偏品红色。

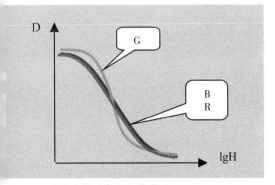

图9-6 反差系数对色平衡的影响

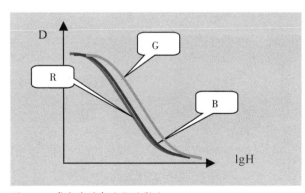

图9-7 感光度对色平衡的影响

拍摄条件对影像色平衡的影响

在彩色摄影过程中,影像色彩的再现受很多因素的影响,包括乳剂的固有反差、照明光源的色温和彩色感光材料平衡色温的匹配、感光材料的色彩再现能力、曝光条件等。应该说,精明的摄影师不会放弃对前期拍摄每个环节所拥有的主动权。优质作品不是靠撞大运来获取的,拍摄效果不允许有意想不到的因素干扰,对影像质量失控的原因也不能糊里糊涂、不明不白。

照明光源对影像色平衡的影响

摄影是用光作画,光源是首当其冲的要素。要想使最后的彩色影像达到预期效果,应注意不同色温、不同显色性能的光源会对感光材料产生不同的影响。

为了获得所要求的影像色彩,应对常用光源的色温和显色性有所了解。

◎**光源的色温**　光源的光谱成分通常用色温这个物理量来标度。光源色温高,表明光源的光谱成分中蓝光的成分比较多。如图9-8中,天空光的光谱成分相对于标准光源,具有更多的蓝光。色温低时,光源的光谱成分中红光所占的比例比较大,见图9-8中灯光的光谱成分。

用于摄影的照明光源种类很多,有自然光,也有人工光。摄影光源不仅应具备较高的发光强度以及点燃性好、稳定、安全等性能,而且要求使其照明的景物能在感光材料上有良好的色彩再现,因而对光源

表9-4

自然光源	色温 K
碧蓝天空	19000~25000
阴天	7000
夏季正午晴空	5000~7000
冬季正午晴空	5500~6000
正午阳光 (和季节有关)	4900~5800
平均正午阳光 (北半球)	5400
与地平线成30°角的阳光	4500
与地平线成20°角的阳光	4000
与地平线成10°角的阳光	3500
日出后、日落前半小时	2400
日出时的日光	1850

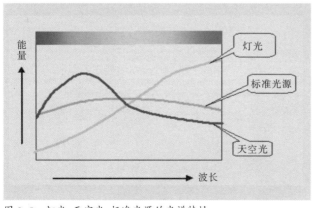

图9-8　灯光、天空光、标准光源的光谱特性

表 9-5

人工光源	色温 K	人工光源	色温 K
计算机监视器	9300 6500 5500	石英卤钨聚光灯泡 石英卤钨聚光灯管 石英卤钨柔光灯管 500W 照相用钨丝灯 PAR 灯泡	3200
电视监视器	6500		
HMI 双端金属卤化物灯泡	5600~6000	低压卤钨灯泡(12~120V)	3000~3400
电子闪光灯	5500~6500	500W 以下碘钨灯	3000
大功率镝灯(1000~5000W)		普通 100W 钨丝灯	2900
CID 单端金属卤化物灯泡	5500	普通 75W 钨丝灯	2820
冷白荧光灯管	(相关色温) 4300	普通 60W 钨丝灯	2700
暖白荧光灯管	(相关色温) 3300	普通 40W 钨丝灯	2650
三基色荧光灯管	(相关色温) 3000~5000	烛光	2000

注:1. 所有自然光色温数据因每天时段、一年四季以及所在地区的纬度、海拔不同,会有所差异。
2. 灯泡、灯管的使用时间(新旧程度)对光源色温是有影响的。
3. 有些人工光源的光谱成分不能用色温表示,因为其光谱成分与哪个色温所表示的光谱成分都不完全一致,所以常常用和它的光谱成分比较接近的色温来表示,称之为"相关色温"。

的光谱特性有较高的要求。部分自然光源和人工光源的色温如表 9-4 和表 9-5 所示。

◎**光源的显色性**　光源的显色性,是指该光源显现被摄景物色彩的能力,它对景物色彩的再现有很大的影响。例如在日光下显现为橙色的自行车,待天黑后行驶在高压汞灯照明的街道上却显现为紫色。

在摄影实践中,为了评价光源对物体颜色再现的影响,人们采用显色指数(color rendering index)作为光源显色性的重要指标。光源显色性能的好坏以显色指数的大小来划分:显色指数越大,表明该光源显色性越好;显色指数越小,表明该光源显色性越差。

光源显色性优劣的划分参见表 9-6 和表 9-7。

表 9-6

显色性	差	中	良	优
显色指数(CRI)	30~50	50~65	65~80	80~100

表 9-7

光源显色性	优	良	差
金属卤钨灯	>90		
500W 白炽灯	95~100		
三基色荧光灯管 36~55W	80~90		
1000W 镝灯	85~95		
40W 荧光灯管		70~80	
400W 高压钠灯			20~25
400W 高压汞灯			30~40

◎**照明光源对影像色彩的影响**　感光胶片上的彩色影像是由黄、品红、青染料组成的。若光源的光谱成分不同,拍摄时,三层乳剂中接受的曝光不同,生成的三种染料比例就会有所不同。为适应摄影光源的光谱成分,感光胶片一般分为日光型和灯光型两类,以便在与之相匹配的照明条件下得到预期的效果。日光型胶片适合在色温为 5500K 的日光下使用,由于日光中蓝光成分所占的比例比红光要多,为了达到色彩平衡,设计者提高了胶片对红光的敏感程度,使胶片在日光下拍摄消色物体所得到的影像中生成的黄、品红、青染料的比例基本相等。

灯光型胶片适合在色温为 3200K 的灯光下使用,由于灯光中红光成分所占比例比蓝光要多,为了达到色彩平衡,设计者提高了胶片对蓝光的敏感程度,使胶片在灯光下拍摄消色物体所得到的影像中生成的黄、品红、青染料的比例基本相等。

如果将日光型胶片用在灯光下,正像画面就会偏红橙色;而将灯光型胶片用在日光下,画面就会偏蓝青色,参见图 9-9A、B、C。在使用人工光源照明时,为了能使光源具有稳定的色温,应注意以下几点。

1. 使用稳压电源,以控制照明光源电压的稳定。特别是拍摄连续画面,若电压波动超过了 5%,影像的密度和色彩的差异就会显现出来。

2. 注意灯泡的新旧程度。一般情况下,白炽灯泡使用的时间越久,亮度越低,色温也越低。使用前,可用色温计进行计量,并用相应的灯光纸调整光源的色温。

图 9-9A　日光型胶片在日光下的拍摄效果(彩)

图9-9B　日光型胶片在阴天的拍摄效果(彩)(刘笑薇 提供)　图9-9C　灯光型胶片在日光下的拍摄效果(彩)

在使用自然光作照明光源时,应注意以下几点:

1. 以日光为摄影光源时,一天之内光源的光谱成分、光照的强度及方向都在不断地变化,且和地区、季节有关。

日出和日落时分,光线色温比较低,红光成分多,光线和地面的夹角比较小,如图9-10所示的虚线以下。这时光照强度也比较弱,且变化快,适合拍摄清晨和黄昏的景致。若不加辅助光拍摄人像,效果不够好。

在上午和下午,光线和地面的夹角在15°~60°之间。一般情况下,色温保持在5500K左右。光照强度比较稳定,光照方向变化比较缓慢,拍摄条件比较容易控制。

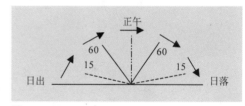

图9-10

中午时分的光线和地面的夹角在60°以上, 色温依然保持在5500K左右。光照强度也比较稳定,但是光线来自上方,为顶光照明,对人物造型不利,所以一般不在这个时段拍摄人像。

2. 用日光拍摄外景时,天气对影像色彩产生的影响表现在:晴天的照明适合用日光型胶片拍摄,处于阳光照射下的正常曝光的景物,其影像色彩饱和。晴天的照明光线有明确的方向性。阴天的光线无明确的方向性,且阴天的色温较高,无法避免景物的表面反射,因而拍摄到的影像色彩饱和度比较差,正像画面偏蓝色。

◎**色温校正**　在很多情况下,光源的色温和感光胶片的平衡色温不相符,致使拍摄的影像色彩再现不正常。常见的情况不外乎以下几种。

1. 在日光下拍摄使用了灯光型胶片,画面偏冷。

2. 在灯光下拍摄使用了日光型胶片,画面偏暖。

3. 在混合光源(如日光和灯光)下拍摄使用了日光型胶片,未用滤光镜的话,则日光照明部分正常,画面其他部分偏橙红色。而为了校正钨丝灯照明产生的色彩,使用特定的滤光镜的话,又将使日光照明的景物在胶片上显现蓝色。使用了灯光型胶片,也有同样的问题,灯光照明部分正常,画面其他部分色调偏冷。

校正方法:

若用灯光型胶片在日光下拍摄,要求色彩再现正常,应使用降色温滤光镜,将光源的色温从5500K降至3200K。常用的滤光镜为雷登85系列。

反之,若用日光型胶片在灯光下拍摄,并要求色彩再现正常,应使用升色温滤光镜,将光源色温从3200K升至5500K。常用的滤光镜为雷登80系列。常用校色温滤光镜的校色温特性参见表9-8。

表9-8

	雷登滤光镜编号	颜色		校正前的色温	校正后的色温	曝光补偿量(光圈数)
升色温	80A	蓝	深	3000K	5500K	2
	80B		↓	3400K	5500K	1⅔
	80C			3800K	5500K	1
	80D		浅	4200K	5500K	1/3
降色温	85B	琥珀色	深	5500K	3200K	2/3
	85		↓	5500K	3400K	2/3
	85C		浅	5500K	3800K	1/3

如果同一场景中有两种不同色温的光源,例如室内日景,若由窗外散射日光和天花板上的顶灯或台灯—钨丝灯组合在一起来照明,要使室内景物的影像色彩得到正常再现,可用降色温系列的灯光纸将来自窗户的日光的高色温降低,并用灯光型胶片进行拍摄。当然,如果室内的照明光源不出现在画面中,也可用升色温系列的灯光纸将低色温光源的色温升高,使光源色温和日光型胶片的平衡色温相一致。在有些场合,如新闻摄影,采用混合光源是不可避免的,有些情况下不便于校正,其影像效果就不会很理想。

由于滤光镜的阻光作用,在拍摄曝光时,应注意曝光补偿。从表9-8中可以看出,使用80A滤光镜时,需要补偿2级光圈之多,相当于将感光度为ISO400的胶片,降低到了ISO100,失去了高感光度胶片的优势,所以很少有人将日光型胶片大量用于灯光下拍摄。

充分利用光源色温与胶片平衡色温的不相符,也是创造特殊影像效果的有效手段,例如:

1. 白天拍夜景。利用灯光片在日光下拍摄,影像偏蓝青色的规律,在白天不加校色温滤光镜,并比正常曝光减少 1~1½ 级光圈,即可得到凉爽、恬静、神秘的夜景气氛。当然,对拍摄的景物要有所选择,如逆光的水面、树林等。

2. 用日光片创造灯火辉煌的效果。利用日光片在灯光下拍摄,影像偏橙红色的规律,在黄昏时分或晚间不加校色温滤光镜,拍摄有低色温灯光照明的城市街景,如泛光照明的建筑物、节日焰火、霓虹灯,可得到灯火辉煌的景色,更具感染力。

曝光对影像色平衡的影响

在感光胶片的性能、光源色温和冲洗条件都正常时,曝光条件对影像色平衡的影响也是不可忽略的。其影响如表 9–9 及图 9–11 所示。

表 9–9

曝光量	曝光正常	曝光不足	曝光过度
彩色负像影像质量	整体密度适中,影像反差适中,中间亮度部分层次丰富,亮部、暗部也有较好的层次。	整体密度偏低,影像反差偏低。亮部、中间亮度部分尚有层次,暗部层次缺乏。	整体密度偏高,亮部浓黑。暗部、中间亮度部分尚有层次。亮部层次不分明,严重曝光过度时,影像反差也偏低。
正像影像质量	影调和色调表现都好,层次丰富,色彩鲜明、饱和。	密度偏高,影调不够明朗,色彩偏冷调,色彩污暗,不鲜艳,饱和度差。	密度偏低,影像的色调苍白,不饱和,正像色彩偏暖调。
曝光范围			

| 曝光正常 | 曝光不足 | 曝光过度 |

图 9-11(彩)

　　景物亮度范围的大小、光效和人脸光比也会对色彩再现产生影响。在自然光照明条件下,利用顺光拍摄时,一般景物的亮度范围大多可以容纳在胶片的宽容度范围中,处于阳光照射下的景物,其色彩的表现是最有利的,但是画面缺少层次变化,显得比较平淡。

　　采用侧光或侧逆光拍摄时,景物的亮度范围比较大,影像会有较强的立体感,但是影调比较硬,亮部或暗部可能会失去一些层次,同时处于逆光中的景物的色彩往往偏冷。如果希望得到较多的层次和较好的色彩再现,需要用辅助光进行补光。

　　若拍摄主体是人物,为了肤色再现正常,脸部光比不宜太大,最好控制在 2:1 或 3:1 左右,否则色彩饱和度和皮肤质感都会受到影响。

　　若景物的亮度范围比较小时,相应的影像反差往往也比较小,影像的色彩也比较平淡。

　　在拍摄时,还应合理利用同时色反差。景物中的红、绿、蓝色常常比黄、品红、青的色彩显得更饱和。一种色彩和其他色彩,尤其是其补色相比时,视觉反差比较大,显得更鲜艳。若两种色彩以相同的亮度毗连,一般不存在密度差,它们之间在视觉上的相互影响,完全由色别不同所致。当一种色彩成为整个影像的主色时,其他色彩都失去了相互之间的反差,看上去,这些色彩都微微蒙上了一层主色。

冲洗条件对影像色平衡的影响

　　由于彩色胶片乳剂是多层涂布的,因此,显影过程包括了显影液渗入各个乳剂层以及显影液和卤化银的作用。处于最下层的乳剂,开始显影的时间总是滞后于上面两层。为了能达到相同的显影效果,胶片生产厂家设计的下层乳剂的显影速度要比上层快。

若正常显影,在显影结束时,三层乳剂基本上能达到比较接近的反差系数。感光特性曲线比较平行,景物的色彩可以得到正常再现。

若因显影时间短、温度低等原因造成显影不足时,三层乳剂的反差系数都会降低,但是程度不同:感红层的显影程度最受影响,反差系数最低;而当显影过度时,三层乳剂的反差系数都会提高,其中,感红层得到的反差系数最高。因此,显影过度和不足都会造成三层乳剂的反差系数不平衡。彩色负片的显影程度与反差系数的关系如图9-12所示。

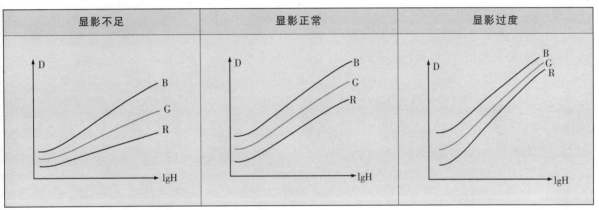

图9-12 彩色负片显影程度与反差系数(彩)

彩色反转片也有同样的问题。彩色反转片的首次显影决定影像反差系数的大小;显影不足时,反差系数低,而且感红层最低;显影过度时,整体反差提高,尤其感红层更高,如图9-13所示。

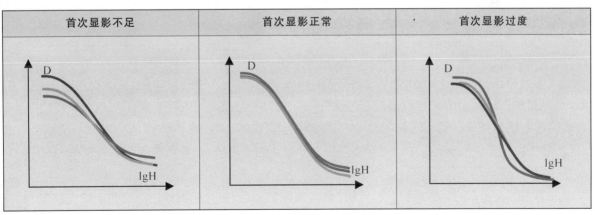

图9-13 彩色反转片显影程度与反差系数(彩)

反差系数不平衡的胶片不仅影调和层次受到影响，而且产生的色彩偏差也无法用滤光镜进行校正。因此，为了保证三层乳剂的反差系数基本一致，彩色感光材料的冲洗条件，特别是显影条件应当得到严格的控制。显影温度、显影时间、显影药液的成分和搅动等因素应当稳定不变。因为彩色感光材料不像黑白负片那样可以自行调整显影条件，因此，对于曝光不足的胶片，以延长显影时间或提高显影温度来弥补影像质量缺陷的做法是不足取的。

彩色负片在显影时会同时得到两个影像，一个是由银组成的黑白负像，一个是由染料组成的彩色负像。由于彩色显影剂要和彩色负片乳剂中的卤化银作用生成银，同时由此定量产生的显影剂氧化物还要作为中间产物再和成色剂作用生成染料，因此彩色显影剂需要身兼二职，既要具备显影功能，又要具备和成色剂作用生成染料的功能，而且还必须考虑到诸如再现色彩的饱和度、色牢度等质量问题。也就是说，既要考虑还原银的数量和质量(如还原银颗粒的大小、锐度等)，又要能够生成相应数量的染料，因而显影剂的选择受到很大的限制。目前使用的彩色显影剂只限于对苯二胺类。

彩色反转片分两次显影，其影像质量如反差大小、清晰度高低等主要取决于首次显影。由于首次显影是黑白显影，要得到的只是黑白影像，因此完全有可能寻找到适用的黑白显影液配方，使反转片首次显影得到的黑白影像达到最佳质量，如颗粒细腻、清晰度高等。对此，专业生产厂家已经做出了最佳选择，使用者只需按照标准工艺(如 E-6 工艺)冲洗，就能得到较好的效果。如果使用者想要更换配方，则必须经过试验，寻求能达到最佳效果所需的配方和工艺。

目前，彩色影像的冲洗工艺已经基本得到了统一，并且机器冲洗的比例很高，这对于显影温度、时间、搅动以及药液补充量的严格控制都是十分有利的。

彩色正片或照片的校色原理和方法

在彩色摄影过程中，受胶片性能、拍摄条件和冲洗加工条件以及扩印、放大光源等多种因素的影响，得到的底片的密度和色彩是会有差别的，有时差别会很大。因此，如果不加以调整，在正片或相纸上印放出的正像色彩很可能不会令人满意。为了能在照片上得到正常的色彩，不论是手工放大，还是机器扩印，确定合适的印放条件都是十分必要的。另外，一些特殊的色彩效果，也可以在印放过程中获得。

要得到所需色彩的正像画面，在印放过程中须做到两点：一是控制好正片或相纸的整体曝光量；二是控制好所需色光的比例。

印放时的曝光控制

为了能在短时间内完成彩色正像画面的制作，一般的彩色扩印机和某些放大设备在曝光部分设有自动测光和曝光装置。

一般彩扩机或放大机上使用的光电传感器是真空光电管或光电倍增管以及光电池等，当透过整个底片的光射入光电传感器时，它可以起到检测作用，测出底片的平均亮度，并将光信号转换成相应的电信号，操纵快门触发器，给出相应的曝光量。

当底片密度高时，到达相纸的光很少，需要增加曝光时间。这时，由于射入光电管的光少，达到关闭曝光快门所需电压的时间就长，曝光时间就自动得到延长；反之，当底片密度低时，到达相纸的光就多，相应地，射入光电管的光也多，达到关闭曝光快门所需电压的时间就短，曝光时间就自动得以缩短。

如果是手工放大，应首先对底片的曝光情况做出正确的判断。参见本章第二节中"曝光对影像色平衡的影响"。

在印放时，对曝光不足的底片，如果不调整曝光量，正像画面的密度就会过高，应缩小光圈或缩短曝光时间，以使正片或相纸所接受的曝光量不会过大。但是，这种印放方法对于暗部层次缺乏的底片好似"巧妇难为无米之炊"，是无能为力的，并且印放时的曝光对于正像的反差也无调整能力，所以影像质量不会令人满意。对于曝光过度的底片，如果不调整曝光量，正像画面的密度就会过低。若要得到密度正常的正像，应开大光圈或延长曝光时间，以使正片或相纸所接受的曝光量不会过小。但是这种印放方法对于改善亮部层次和影像的反差也是无能为力的，所以影像质量也不会令人满意。

色彩的校正

◎**色光和偏色的关系**　已知彩色正片和相纸上的色彩是由处于三个乳剂层的黄、品红和青三种染料组成的。而这三种染料量的多少则取决于通过底片投射到正片和相纸上的蓝、绿、红光的量。

对于一个消色物体的影像，在显影条件一定时，曝光达到相纸上的蓝、绿、红光相等，正片或照片上的色彩再现也是消色的；若红光多了，相纸上的青色染料就会偏多，照片就会偏青；相应地，绿光多了，照片就会偏品红色；若蓝光多了，照片则会偏黄。其规律参见表9–10。

表 9-10　曝光量、染料和正像的偏色情况

曝光和染料生成情况	正像所偏色彩
蓝光多→生成的黄染料多	黄
绿光多→生成的品红染料多	品红
红光多→生成的青染料多	青
蓝光和绿光多→生成的黄染料+品红染料多	红
蓝光和红光多→生成的黄染料+青染料多	绿
绿光和红光多→生成的品红染料+青染料多	蓝

◎**色彩的校正原理**　放大和彩扩时,校正色彩的方法有两类:一类是用红、绿、蓝光作为光源,称为加色光校色法;另一类是以白光为光源,在光源前加用黄、品红、青滤光片来校正色彩,称为减色光校色法。

依据上述的成色原理,加色光校色法应遵循表 9-11 所列的原则。

表 9-11

正像所偏色彩	应减少色光	应加色光
黄	蓝	绿+红(黄)
品红	绿	红+蓝(品红)
青	红	绿+蓝(青)
红	绿+蓝(青)	红
绿	蓝+红(品红)	绿
蓝	绿+红(黄)	蓝

减色光校色法应遵循表 9-12 所列的原则。

表 9-12

照片所偏色彩	应减少的滤光片	应增加的滤光片
黄	品红+青	黄
品红	黄+青	品红
青	品红+黄	青
红	青	品红+黄
绿	品红	青+黄
蓝	黄	品红+青

如果在光路中加上三种滤光片,就相当于加上了中灰滤光片,起不到校正色彩的作用,所以一般情况下,不会同时将三种滤光片放在片路中。

◎**自动彩扩机的校色方法**　对于色彩的再现,目前彩扩机基本上是根据柯达公司的伊文斯于20世纪50年代提出的集成灰原则设计的。伊文斯认为,在一定条件下,正常底片能透过的红、绿、蓝色光是相等的或成一定比例的,在这种情况下,对这三种色光用相同的或成比例的时间曝光,就能得到正确的色彩再现,即景物中的消色,如灰色,就会在照片中得到正常再现。

而底片透过的三种色光比例不相同时,测光装置会将三种色光的比例转换成电信号与标准底片的信号进行比较计算,以确定各种色光所需的正常曝光时间。

彩扩机采用的校色方法有两类:一类是采用红、绿、蓝光对相纸曝光,称为加色光校色法;另一类是在彩扩机曝光系统中采用黄、品红、青滤光片调控光源色彩的方式,称为减色光校色法。

1. 加色光校色法分为三种不同的方式:

①顺序曝光法。这种方式采用一个光源,曝光时,三个光电传感器分别依次控制红、绿、蓝滤光片在光路中的时间,按顺序对相纸进行单色光曝光。这种方式所需曝光时间较长,生产效率低,目前使用的不多。

②同时曝光法。采用三个光源,在每个光源前分别加上红、绿、蓝滤光片,每个光路中有单独的快门。开始曝光时,三个片路的快门都打开,由光电传感器控制各快门的关闭时间。

③白光加色光曝光法。考虑到前一种方式中,在光源前加上红、绿、蓝滤光片,照射到相纸上的光强度会大大降低,因此,相应的曝光时间就要延长,生产效率就会降低。为了提高生产效率,以三种色光中所需的最短曝光时间用作白光的曝光时间,然后分别加入曝光量不够的另外一种或两种滤光片,使其分别继续曝光。

2. 减色光校色法是目前使用比较多的校色方法,有以下两种方式:

①彩色补偿法。这种方式是在白光投射到底片上时,根据透过率小的色光的色彩来选择相应的黄、品红、青滤光片,以使该种色光的曝光量相对加大。对于因加入滤光片而造成阻光,使相纸接受的曝光量降低,则要靠开大彩扩机镜头的光圈和延长曝光时间来补偿。

例如,底片整体密度偏黄,则透过的蓝光所占的比例相对于绿光和红光要少,所以,彩扩机的测光和监控系统会支配品红和青色滤光片插入光路中,因为这两种滤光片的组合能使蓝光通过,并能阻挡绿光和红光通过,因而使三种色光的比例达到平衡。

②白光减色光法。这种方法采用由测光监控系统确定三种色光的曝光时间,并以三种色光中所需曝光时间最短的那种色光的曝光时间来对白光进行曝光。之后,在扩印片机的光路中插入能阻挡该种

色光的黄、品红、青滤光片中的某一种或两种,继续对其他两种色光曝光,用这种方法延长对某一种或两种色光的曝光时间,使扩印出的照片色彩正常。

例如,上例中的底片整体密度偏黄,透过的蓝光所占的比例相对于绿光和红光要少,需要的曝光时间更长,因此,在这种校色方法中,要先用对红光和绿光所需的曝光时间来对白光曝光,然后将品红和青色滤光片插入光路中,用以阻挡绿光和红光,使蓝光能继续曝光,从而使三种色光的比例达到平衡。

曝光不足和曝光过度的底片和曝光正常的底片相比,尽管在扩印时对曝光量做了调整,但印制出的照片色彩再现的效果往往不好。经过测定后发现,曝光不足的底片扩印出的照片黄色密度偏低,画面偏蓝青色,曝光过度的底片扩印出的照片青色密度低,画面偏红黄色。这种黄、品红、青染料密度偏离水平线,发生倾斜的现象,称为斜率效应。为了校正这种偏差,彩色扩印机通常都设计了斜率控制线路,其作用是将倾斜的曲线斜率校正到水平,也就是使染料密度的偏差在一定程度上得到纠正。

为了校正在摄影过程中胶片平衡色温与光源色温不相符,以及由单色背景等原因引起的色偏差,自动彩扩机都设计有相应的校正线路。对于不同品牌的胶片,还设有相应的基础光号,称之为各自的"通道",在更换底片后,只要选择好通道,就可直接对因拍摄引起的色偏差进行校正。

◎彩色正像偏色的鉴定 彩扩员或摄影师在鉴定照片色彩偏差时,多以主观评价为主。由于人眼有很强的适应能力,所摄景物又千差万别,使得鉴定影像偏色与否变得复杂起来。为了提高鉴定的准确率,应注意以下几个问题:

1. 判断色彩、密度、反差等是否有偏差,应以第一眼的感觉为准,而不应以反复品味后的感觉为准,因为长时间观看,视觉疲劳会给校色带来偏差,特别是在色偏差不大时,这一点尤为重要。

2. 观察照片是否偏色,应以中级密度为主。一方面,人眼对中级密度部分的色彩比亮部和暗部更为敏感;另一方面,摄影师要表现的被摄主体一般都在这个密度范围内,这一部分往往是色彩最丰富的,这部分的色彩校正了,整体画面的色彩就有保证了。

3. 要重视照片上人们所熟悉的色彩的校正。若照片中存在消色物体,如灰色,则只要灰色被正常再现,其他色彩就会得到正常再现。如果是人像照片,首先要考虑的是肤色的正常再现。如果是风光照片,应注意天空、草地、树木、碧水等色彩是否正常再现。

4. 理解摄影师的创作意图,营造必要的气氛。有的正像画面色彩虽有偏差,但这种偏差能营造出某种气氛,则不应将它放在需要校正之列。比如,夜景画面应有意偏冷些,密度大些,日出、日落的画面色彩偏暖些,照片可能会更精彩。

实验:拍摄条件对彩色影像色平衡的影响

一、实验目的

1. 了解拍摄条件对彩色负片及彩色反转片影像色彩的影响。

2. 正确认识视觉特性在拍摄过程中的影响。

二、实验器材

包括照相机、测光表(手持式或相机内测光装置)、彩色负片或彩色反转片。

三、拍摄内容

1. 不同色温照明光源下的比较:用日光型胶片分别在日光和灯光下拍摄同一景物,以加滤光镜与不加滤光镜的效果进行比较(至少3幅)。

2. 比较在顺光、侧光、逆光光线条件下的拍摄效果(至少3幅)。

3. 比较在晴天、阴天光线条件下的拍摄效果(至少2幅)。

4. 在拍摄实践中合理利用"旁侧适应"(2幅对比)。

5. 拍摄自己感兴趣的独特题材或需要研究的内容。

四、结论和分析

习 题

1. 感光胶片的性能对影像的色平衡有哪些影响?

2. 拍摄条件对影像的色平衡有哪些影响?

3. 冲洗条件对影像的色平衡有哪些影响?

4. 如何校正正像画面的色彩偏差?

5. 如何鉴定色偏差?

10

其他感光材料及冲洗工艺

□ 除了常规的感光材料及其冲洗加工方法以外，在摄影实践中还常常会遇到一些比较特殊的感光材料和一些非常规的加工工艺，例如用C-41工艺加工的黑白染料片，用K-14工艺冲洗的彩色反转片柯达克罗姆，还有一步成像感光材料和反转片的负冲等。本章主要介绍这几种感光材料的特点和冲洗工艺。

黑白染料片及冲洗加工

黑白感光材料伴随着摄影术而诞生,虽然彩色摄影对黑白摄影有过冲击,但是黑白影像的巨大魅力,使很多黑白摄影爱好者依然狂热地在家中的暗房费时费力地处理底片和制作放大照片。而大多数专门加工彩色影像的商业冲洗店对于处理黑白影像是比较困难的,不但价格比彩色片贵,而且往往不能满足黑白摄影师的专业要求。

1980年,英国的依尔福公司首先推出了黑白染料片XP1。这种胶片和普通黑白负片的不同之处表现在以下几点:

1. 冲洗工艺。这种胶片和彩色负片的冲洗工艺相同,均为C-41工艺。采用这种工艺,黑白染料片就可以和彩色负片一起实现机器冲洗。只要具有加工彩色负片能力的冲洗店都可以冲洗,不仅比手工冲洗更加方便快捷,而且冲洗效果比较稳定,还可以将原本留在胶片上的银全都回收再利用。这种胶片如果用传统的黑白胶片冲洗工艺显影,效果不佳。

2. 影像特点。黑白染料片上的负像不是由银组成的,而是由染料组成的。黑白染料片透明部分略带品红或棕红色,而且与普通黑白胶片上的影像相比,整体效果更暗一点,反差稍低。其感光特性曲线参见图10-1。

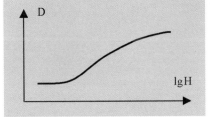

图 10-1　黑白染料片的感光特性曲线

黑白染料片比常规黑白胶片有更大的曝光宽容度。例如依尔福的XP2,虽然推荐感光度为ISO400,但它可以在EI50~800的范围内拍摄,对被摄体亮部和暗部细节层次的再现都很好。从感光特性曲线上可以看出,在曝光量比较小时,或按高感光度拍摄时,影像反差略大些;在曝光量比较大时,或按低感光度拍摄时,影像反差略小些。拍摄实践也证实了这一点。

而且,由于是以染料组成的影像,具有更精细的结构,其影像的清晰度、分辨率也较高。

在EI50~800的范围内,无论选择哪一种感光度拍摄,都不必以感光度的高低来改变冲洗条件,如冲洗温度、药液浓度和冲洗时间等。但若以EI1600和EI3200拍摄的胶片,就需要将显影时间由3分15秒延至3分45秒和4分15秒。如果要得到最完美的影像质量,还是不要用太极端的感光度值来拍摄。

3. 获取照片的途径。黑白染料底片可以印制在黑白相纸上,得到黑白银影像。与这种负片配套的相纸反差等级以3号为宜,或选用依尔福可变反差相纸。

黑白染料底片也可以印制在彩色相纸上,一般彩扩店设有扩印的专用通道,得到的影像是各种略带彩色的单色影像。

近 20 年来,依尔福公司改进了胶片,推出了 XP2 黑白染料片,又推出了 XP2 SUPER 黑白染料片。如今,人们可以买到的黑白染料片的品牌已经不止一种,如依尔福黑白染料片 XP2 SUPER、柯达黑白染料片 T400CN,还有乐凯黑白染料片 SHD400CN 等。不同品牌的黑白染料片都可以用 C-41 工艺加工。

反转片的负冲工艺

彩色反转片的正常冲洗工艺为 E-6 工艺,用彩色负片的 C-41 冲洗工艺冲洗彩色反转片,常被人们称为"反转负冲",这无疑属于非常规工艺。近年来,有很多摄影师喜欢使用这种工艺,以求影像的新奇怪异效果。

反转负冲的实验结果

反转负冲的原理可通过下图所示的实验结果来理解。

为了便于比较,将反转片在感光仪上曝光后进行负冲,并与反转片正常冲洗、负片正常冲洗的结果做参比。例如表 10-1 中所示,是一组用柯达 EB-2 反转片、KODAK PRO 100 负片实验得到的数据。

表 10-1　彩色反转片不同冲洗工艺的比较(彩)

胶片型号	彩色反转片 EB-2 100	彩色反转片 EB-2 100	彩色负片 KODAK PRO 100
冲洗工艺	彩色反转片的常规冲洗 （E-6 工艺）	彩色反转片的非常规冲洗 （C-41 工艺）	彩色负片的常规冲洗 （C-41 工艺）
感光特性曲线			

测量冲洗后的底片密度，画出曲线，得到相关数据。

以彩色反转片 EB-2 100 和彩色负片 KODAK PRO 100 为例，其数据列于表 10-2 中。

表 10-2

反差系数	EB-2 100 E-6 工艺冲洗	EB-2 100 C-41 工艺冲洗	KODAK PRO 100 负片
感蓝层 γ_B	2.1	2.1	0.67
感绿层 γ_G	2.0	2.1	0.64
感红层 γ_R	1.9	1.3	0.57

经过多次实验，从感光特性曲线和相应数据可以得出以下结论：

1. 正常冲洗的反差系数比较高，三条曲线的斜率比较接近。经过反转负冲，彩色反转片的反差系数和正常冲洗的反转片接近，比正常冲洗的彩色负片的反差系数明显高出很多。同时，三条曲线的反差系数不平衡，感红层的反差系数明显低于感蓝层和感绿层（见表 10-2），因此，造成明显的色彩偏差，即负像偏红，正像偏青。

2. 由于反转负冲得到的负像反差高，接近反转片正常冲洗的正像反差，再印放到高反差的相纸或正片上，得到的正像画面反差会更高，色反差也加大，色彩夸张，层次的表现逊于负片，亮部或暗部层次常常丢失。

反转负冲的实际应用

基于上述特点，再加上彩色照片后期制作时的调整，有些摄影师喜欢用这种方法来实现色彩的夸张和刺激，拓展想象空间，并常常用在人像摄影和风光摄影中。

由于反转负冲的影像反差过大，因此，要想得到满意的效果，从拍摄到制作的各个环节都需要加以很好地控制。首先，为了后期的反转负冲，拍摄时需要细心用光，保持光照均匀，与正常拍摄相比，光比要小，以平淡、柔和为宜。因反转片基透明，负冲后底片反差大，在影像中的亮暗交界处往往出现边缘模糊的现象，常被摄影师用来创作带些水墨画效果的艺术作品。

另外，印放过程的色彩校正和密度控制对影像质量的影响也很大，在了解这种冲洗方式本身造成的色彩偏差的基础上，可以根据创作要求进行色彩调整。由于使用这种方式进行创作，一般并不追求色彩的正常再现，可为创作留下很大的调整余地。

银漂法彩色感光材料及冲洗加工

银漂法(即银—染料漂白法的简称)感光材料是一种彩色直接正性感光材料,其成像原理与常规彩色片不同。常规彩色片是利用成色剂在曝光部位生成染料,而这种胶片的乳剂中已经含有染料,曝光部位的染料会被显影过程中生成的银漂掉,故得名"银漂法"感光材料。

银漂法感光材料的构造

银漂法感光材料的乳剂涂层如图 10-2 所示。这种成像原理的构想远在 1889 年由利塞甘(R.Ed.Liesegang)和法莫(E.H.Famer)提出。 1929 年,卡斯珀(B.Gaspar)制造出了第一批只能用于制作半调影像的银漂法胶片。直到 1963 年,汽巴(Ciba)公司才正式生产出汽巴克罗姆印相片(CCP),使这种感光材料得以实际应用。此后,这种胶片的品种日渐增加,有

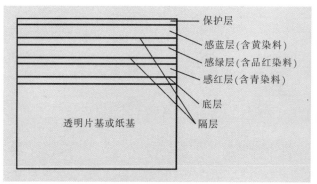

图 10-2　银漂法感光材料的构造

用于电影复制的银漂法胶片、放大胶片和放大相纸等。质量也逐渐得到改进,应用范围日渐扩展,在彩色摄影、广告制作、航空片的复制和放大、档案保存、印刷以及医学、生态学等方面都有一定的应用。

从幻灯片制作的照片多用银漂法相纸。

银漂法感光材料的特点

银漂法感光材料有三个显著的优势。

◎**清晰度高**　由于乳剂层中加有染料,曝光时这些染料对光的吸收有效地减少了成像光的散射,使画面的锐度提高,轮廓清晰。同时,用这种相纸可以直接从幻灯片印制正像,不需要经过中间负片,极细的乳剂确保清晰度不受损失。

◎**色彩再现质量好**　因为乳剂染料不需要在加工过程中形成,寻找染料少了很多限制,可以利用非常稳定的、色彩纯正的染料,因此比常规工艺得到的影像具有更丰富和更饱和的色彩。

◎**色牢度高**　这是银漂法胶片的最大优点。银漂法胶片的色牢度为英国纺织工业标准的 5~6 级,

而多层彩色正片的色牢度只有2~3级。这是由于偶氮染料是直接加入到乳剂中的，不经过成色剂和显影剂氧化产物的合成偶氮染料的阶段，因此选择染料的范围较大，而且黄、品红、青染料的色牢度相近，不易造成因某一染料退色而使影像色彩失真。银漂法影像的预期寿命超过其他任何传统的感光材料，可以200年不退色，因此成为画廊和博物馆首选的感光材料。

银漂法感光材料的主要缺点是感光度低。由于曝光时染料对光的吸收，在减少了光散射的同时，也降低了卤化银的曝光效果，所以银漂法感光材料的感光度低，不宜用于拍摄。

银漂法感光材料的感蓝层、感绿层、感红层中分别加有黄、品红、青三种染料。银漂法的技术关键是银在染料漂白中的重要作用。曝光多的地方，显影后银密度高，这部分的染料被漂去的也多。例如感红层得到了充分曝光，在显影后，相应的青染料就全部被漂掉，人眼看到的就是由品红和黄染料组成的红色。未曝光的部位在显影时没有银出现，也就不对染料起漂白作用，三层染料都留在乳剂中，人眼看到的就是黑色。曝光部分的负像被漂白去除后，胶片上留下的就是彩色正像了。

银漂法感光材料的成像原理

银漂法感光材料的成色原理与其他胶片有所不同，其过程和原理见图10-3。

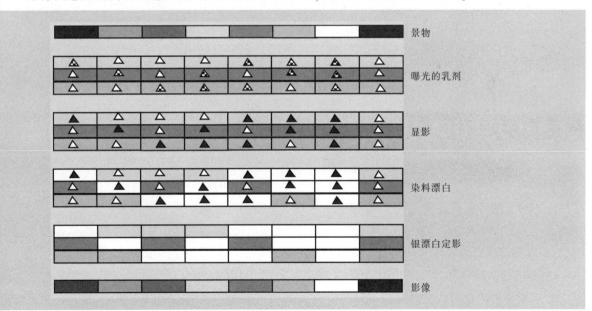

图10-3　银漂法彩色影像的成像原理

185

银漂法感光材料的加工工艺

银漂法感光材料的加工采用的是三浴工艺,分黑白显影、漂白(染料和银同时漂去)、定影三个工序。参见表10–3。

表10–3

	温度(℃)	时间(分)
显影	30±0.5	3
漂白	30±1	3
定影	30±1	3

◎**显影液** 银漂法显影液属于黑白显影液中的P–Q类,显影剂以菲尼酮为主,对苯二酚为辅, 除了一般黑白显影液中含有的促进剂、保护剂、防灰雾剂以外,还加有其他补加剂,如漂白染料用的催化剂等。

◎**漂白液** 漂白的作用有两个, 一是按比例进行染料漂白,二是将银影像氧化为可溶性银盐。漂白液中含有以下几种物质:

1. 强酸。一般为硫酸,用来维持溶液的 pH 值在 0.1~1.0 之间。

2. 氧化剂。用于氧化组成影像的银,过去用的是赤血盐,由于对环境有污染,现在改用硝基磺酸等有机氧化剂。

3. 银络合剂或沉淀剂。能与银络合或能使银形成沉淀物的物质,如硫脲和溴化钾。

4. 稳定剂。即抗氧化剂,如酸性硫醇,作用是使药液稳定性好。

5. 漂染催化剂。是银漂法特有的助剂,对黄、品、青染料有良好的漂白催化作用。

◎**定影液** 采用通用的硫代硫酸铵定影液。

柯达克罗姆彩色反转片及 K–14 冲洗工艺

柯达克罗姆(Kodachrome)胶片是一种影像质量非常优秀的彩色反转片,柯达公司称之为标准反转片。它最大的特点是乳剂层中不含成色剂,生成染料所需的成色剂来自显影液。

由于成色剂不含在乳剂中,在选取成色剂时,其对感光剂卤化银的影响就不必考虑,从而少了很多限制,可以找到生成的染料色彩更饱和、色牢度更高的成色剂。同时,涂层可以减薄,使影像的颗粒非常细,具有很高的清晰度和分辨率。但也由于成色剂不含在乳剂中,这种反转片的冲洗工艺比较复杂。为区别于常规胶片的成色方式,这种胶片被称为"外偶式胶片"(成色剂也称为偶合剂,生成染料的反应称为偶合反应——作者注)。

柯达克罗姆胶片的结构

柯达克罗姆胶片的结构如图 10-4 所示。

目前使用的柯达克罗姆胶片的型号有 KODACHROME 25 Film、KO-DACHROME 64 Film、KODACHROME

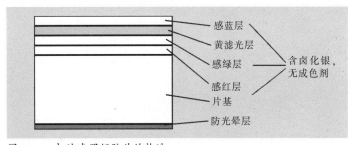

图 10-4　柯达克罗姆胶片的构造

64 Profession Film、KODACHROME 200 Film、KODACHROME 200 Profession Film、KODACHROME 40 Movie Film(type A)/7268,7270。

柯达克罗姆胶片的 K-14 冲洗工艺

柯达克罗姆的冲洗工艺较常规冲洗工艺要复杂得多，三种染料的成色反应需要在三种显影液中进行,还需要对三个乳剂层分别进行二次曝光,冲洗步骤如下：

1. 前浴。用碱性溶液喷淋柯达克罗姆胶片的背面层,使防光晕层软化。

2. 水洗。通过水和机械摩擦的作用除去防光晕层和前浴液。

3. 首次显影。在黑白显影液中使已经曝光的卤化银还原为金属银：

　　已曝光的卤化银+显影剂→银+显影剂氧化产物+卤离子

在胶片上形成了由银组成的负像。

※ 中间水洗——冲洗掉显影液

4. 感红层二次曝光。从胶片的背面用红光曝光,在感红层二次曝光部分产生潜影。

5. 感红层显影。在感红层的显影液中,加有能生成青染料的成色剂,显影时,在感红层形成一个由银组成的正像和由青染料组成的正像。在这个过程中发生以下反应：

　　感红层二次曝光的卤化银+显影剂→银+显影剂氧化产物+卤离子

　　显影剂氧化产物+成青成色剂→青染料

这一层的显影必须充分,否则,若感红层遗留下未显影的卤化银,就会在感蓝层显影时生成黄染料,产生色彩偏差。

※ 中间水洗

6. 感蓝层二次曝光。从胶片的正面用蓝光进行曝光,在感蓝层二次曝光部分产生潜影。

187

※ 中间水洗

7. 感蓝层显影。在感蓝层的显影液中加有能生成黄染料的成色剂,在感蓝层形成一个由银组成的正像和由黄染料组成的正像。反应如下:

感蓝层二次曝光的卤化银+显影剂→银+显影剂氧化产物+卤离子

显影剂氧化产物+成黄成色剂→黄染料

这一层的显影也必须充分,否则,若感蓝层遗留下未显影的卤化银,就会在感绿层显影时生成品红染料,出现色彩偏差。

※ 中间水洗

8. 感绿层的灰化和显影。由于这时只剩下感绿层没有曝光,可以采用化学灰化的方法代替二次曝光,并且,灰化和显影可以合在一起进行,减少一道工序。感绿层的二次显影在含有成品红成色剂的溶液中进行,反应如下:

感绿层曝光(或灰化)的卤化银+灰化剂+显影剂→银+显影剂氧化产物+卤离子

显影剂氧化产物+成品红成色剂→品红染料

※ 中间水洗

9. 漂白。将三个乳剂层中经过首次显影、二次显影生成的银和组成黄滤光层的银氧化。

银+漂白剂+卤离子→卤化银

10. 定影。将卤化银从胶片上除去。

卤化银+定影剂→可溶性硫代硫酸银络合物

※ 最终水洗,将胶片上所带的定影液和定影产物漂洗掉

※ 干燥

柯达克罗姆胶片的K–14冲洗工艺如图10–5所示。

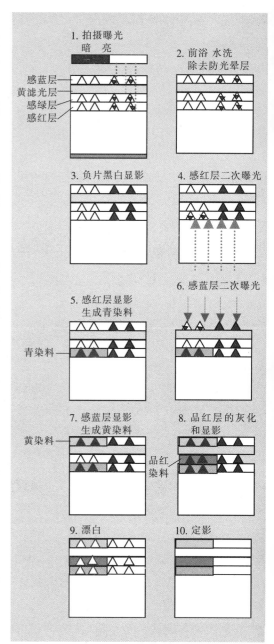

图10–5 柯达克罗姆胶片的成像原理

188

由于加工工序复杂,加工条件要求严格,因此,能提供冲洗这种胶片的冲洗店相当少,国内尚无冲洗单位,拍摄完的胶片需要送到柯达公司指定的冲洗部门(如设在美国的 KODAK Premium Processing、Super 8、Kodak Processing Lab 等 10 个冲洗单位)进行冲洗。

可变反差相纸及显影液的特点和使用

在印放照片时,一般情况下,照片的反差主要靠选取相纸反差等级来控制。因此,摄影者手头常需备有各种反差的相纸,以便和不同反差的底片配套使用。而有些级号的相纸往往因用量很少,搁置时间超过了有效期限而不得不弃之。为了使调控照片反差更具灵活性,更加方便,也更加经济,现在有很多摄影者选用了可变反差相纸。

可变反差相纸的特点

可变反差相纸的反差变化范围大约相当于普通黑白相纸反差等级的 3.5~4 个级差。与普通等级反差的黑白相纸不同,可变反差相纸有两个乳剂层:一层是对绿光敏感的低反差乳剂层,另一层是对蓝光敏感的高反差乳剂层。这种相纸的曝光光源应为标准的放大机光源(色温为 3200K),可在放大机光源下方或镜头下方插入滤光片,用于对光源的光谱成分进行调整,借以控制高反差乳剂层或低反差乳剂层的曝光程度。

可变反差相纸的载体有两种:一种是常规纸基,另一种是涂塑纸基。其乳剂有适合常规手工冲洗的乳剂,也有适合机器冲洗的乳剂。

可变反差相纸的感光特性

可变反差相纸的高反差乳剂层对蓝光敏感,因此用黄滤光片可以控制到达乳剂层的蓝光的比例,借以调节该层的曝光量, 低反差乳剂层对绿光敏感, 因此用品红滤光片可以调节绿光到达相纸的比例,以控制反差。

与可变反差相纸配套的黄色和品红色滤光片,依颜色深浅不同,可分为 11 个等级,产生的反差级别大约为 0、1/2 、1、1½、2……5,是以 1/2 个反差级差递增的,颜色依次为深黄→浅黄→浅品红→深品红色。

要获得反差最低的效果,应使用深黄色滤光片,因为它能将曝光光源发出的蓝光全部吸收,让红光和绿光透过。乳剂是不感红光的,因此红光不会对任何一层乳剂产生有效曝光,只有绿光使低反差乳剂层感光,产生低反差影像。

同样,要取得反差最高的效果,需使用深品红滤光片,因为品红滤光片能吸收曝光光源发出的绿光,使低反差层不感光,透过的蓝光在高反差乳剂层产生有效曝光。若用不同深浅的黄滤光片和品红滤光片, 可以透过不同比例的蓝光和绿光, 使高反差乳剂层和低反差乳剂层同时分别不同程度地感光,从而获得不同的中间反差。

使用可变反差相纸还有一个显著的优点,即可以在同一张照片上制作出两种不同的局部反差,这在普通黑白相纸上是不容易做到的。制作方法是:第一次曝光,先加上品红滤光片,对相纸进行曝光,使高反差层感光。这样做,照片上的暗部可以获得最大程度的影调分离,此时,不必对高光部分进行局部遮挡,因为不会有多少光从底片的高密度部分透射到相纸上。然后改用黄滤光片,对照片的高光部分进行二次曝光(此时需防止暗部再接受额外的曝光),使低反差层感光,出现低反差的亮部层次。为了得到满意的效果,应拍摄亮度范围大的景物,画面构成要预先设计好,以便于制作。由于可变反差相纸的反差变化范围大,只需在暗房存放一盒相纸,便可容易地用不同反差的底片制作出所需的照片,可谓以"可变"应"万变"。

可变反差相纸显影液的使用

使用广泛的可变反差相纸的显影液配方是 Beers 双液显影液,其中 A 液属于低反差显影液,B 液属于高反差显影液,以 A、B 两液组合成不同比例的显影液,可以使有些相纸的反差发生变化。虽然不是所有型号的相纸都有此种变化,但是对慢速、暖调相纸用 Beers 显影液试验的结果表明,反差有一定的变化。变化的最大幅度不超过 1 个反差级号。

用于相纸的 Beers 双液显影液配方见表 10-4。

表 10-4

溶液 A		溶液 B	
水	750.0 毫升	水	750.0 毫升
对苯二酚	8.0 克	对苯二酚	8.0 克
无水亚硫酸钠	23.0 克	无水亚硫酸钠	23.0 克
无水碳酸钠	27.0 克	无水碳酸钠	20.0 克
10%溴化钾溶液※	22.0 毫升	10%溴化钾溶液※	11.0 毫升
加水至	1000 毫升	加水至	1000 毫升

※ 将 10 克溴化钾溶于水,配成总容量 100 毫升的溶液即可。

用作可变反差显影液时,可以按表10-5所示将A液、B液和水按比例混合使用。

继Beers显影液之后,人们将两种具有不同显影特性的显影液混合配制成不同比例的双液显影液,用以调整相纸反差。所用显影液中有一种是硬调显影液,如D-72,另一种是软调显影液,如D-52或更软些的显影液。试验证明,这种双液显影液对冷调放大纸没有明显的作用,而对暖调放大纸和一些接触印相纸大约能产生半个级号或更大一点的反差变化。表10-6所列数据为试验所得。

标准显影液为D-72或相似配方,软调显影液为D-52或相似配方。

表10-5　Beers显影液的使用　　　　　　　　　　(单位:毫升)

配液总量	溶液A	溶液B	水	反差变化趋势
1000	125	875	0	
1000	188	312	500	反差升高
1000	250	250	500	↑
1000	312	188	500	中等反差
1000	375	125	500	↓
1000	438	62	500	反差降低
1000	500	0	500	

表10-6　试验所得可调反差相纸显影液　　　　　(单位:毫升)

配液总量	标准显影液	软调显影液	水	反差变化趋势
1000	1000	0	0	
1000	500	0	500	反差升高
1000	375	125	500	↑
1000	250	250	500	中等反差
1000	125	375	500	↓
10000	0	500	500	反差降低

显然,借助于改变双液显影液组分比例来控制相纸反差是以大量试验为基础的,否则就不可能定量化。在有些情况下,用这种方法可以得到介于两个反差等级之间的反差值,如 $3\frac{1}{4}$ 级、$3\frac{1}{2}$ 级等,使照片获得特殊的表现力。

一步成像彩色感光材料及加工

一步成像胶片的由来和特点

一步成像的创始人是美国波拉公司的兰德(E.H.Land)博士,而让他产生研制一步成像感光材料念头的人是他的女儿。有一次,他带女儿在花园里拍照,女儿盼望能立刻看到拍摄效果,这种急切的心情感染，启发了他，使他突发奇想，试图将曝光、冲洗加工合为一体并一次完成。

的确，在有些情况下，照片的立拍立现十分重要。比如旅游摄影，如果在离开旅游景点后才发现需要补拍，留下的只能是遗憾；而对时效性很强的图片，待到常规冲洗加工完成后，就可能为时已晚；很多专业摄影师会在正式拍摄前，用一步成像胶片检查被摄体的影像效果；又如在一些大型会议上，组委会为与会人员制作证件也需要快捷方便的手段……

通常称为"一步成像"的"直接成像彩色摄影"方法可在拍摄后的几分钟内迅速得到彩色正像画面，这种大大节省时间，无需进暗房，无需常规的复杂加工设备的方法，因其方便快捷赢得了很多摄影者的青睐。但是，要将复杂的冲洗程序压缩到几分钟内，并非轻而易举之事，需要突破常规卤化银感光胶片的结构、药液配方和加工方式。为了解决这些问题，兰德博士潜心研制，结果是令人振奋的。

1947年2月，兰德博士在美国光学学会上首次公开提出了一步成像的理论和设计，次年就开始生产波拉一步成像黑白片，1963年开始生产一步成像彩色片——Polacolor。在以后的10年中，波拉公司不断地改进胶片质量，研制新产品。1972年5月，兰德在"摄影科学与工程学会"的年会上，提出了"绝对一步成像"的报告，推出了采用新相机、新胶片和新方法的SX-70系统。SX-70系统在光学、电子、物理、化学方面都有新突破。1975年，波拉公司推出了色彩更鲜艳的波拉II型彩色片。1979年又生产了瞬时超速彩色片，它在曝光后10秒内开始出现影像，1分钟后即可达到最大密度，比SX-70彩色片的显影速度又提高了一步。1981年，波拉公司在感光度方面也有了突破，推出了ISO600的波拉600。

一步成像是在专门的相机或摄影机中完成的，胶片内自带加工药品，拍摄曝光后，黏稠的加工药品立即被相机内的机械装置从药包中挤出，进入胶片层，其后的加工过程以单一的步骤，在密闭的条件下快速进行。当胶片从相机内退出后，一般可在几分钟内得到质量满意的彩色正像。一步成像法免去了常规摄影中的负片显影、漂白、定影、水洗、干燥、正片的印制及再加工等一系列复杂过程，节约了大量时间、药品和设备。它的研制和生产促进了摄影化学及生产工艺的发展，被誉为"摄影术发明百年来的重大发明"。

一步成像彩色感光材料的结构

目前用得比较多的一步成像系统是波拉公司的产品，是负正片结合在一起组成的材料，加工前后是一个完全的整体结构。这种感光材料成功地解决了使正负片处于同一感光材料内的问题，以及加工药液的储藏问题、彩色影像的组成问题、胶片在相机外显影的遮光问题、影像的白衬底问题和加工废弃物的处理问题等。这使得一步成像感光材料的结构显得复杂而巧妙。

这种感光材料有三个窄边和一个宽边，外围尺寸为9×11(厘米)，画面尺寸为8×8(厘米)。最外边两层是聚酯页片，上页是透明的，下页是不透光的黑色聚酯片，它们的结构对称，以保证胶片在任何情况下保持平整。

拍摄时，光通过上面的透明页片在负片层感光，最后形成的影像也通过同一页片观看，而不是以前的负正片在相机中叠合，加工后又相互剥离而得到彩色正片的旧方法。由于从材料曝光面观赏照片，也避免了正像画面与原景物左右颠倒的问题。为了提高照片的彩色质量和稳定性，采用了金属染料显影剂。

◎**负片部分的构造** 负片部分包括卤化银感光乳剂层、染料显影层以及黑聚酯片基。

●**卤化银感光乳剂层** 卤化银感光乳剂层的感光物质仍为卤化银晶体，乳剂层由三个卤化银胶层组成，其排列次序与常规彩色负片相同，在加入相应的光谱增感染料后，自上而下分别感受蓝、绿、红光。

●**染料显影层** 一步成像乳剂层中没有常规彩色片使用的成色剂，而是在蓝、绿、红三个乳剂层下面分别涂有组成正像色彩的黄、品红、青染料显影剂。它既是染料分子，又有显影能力，是在染料的结构上引入显影剂组分而构成的。它不溶于水，而溶于碱性溶液。

在此，对苯二酚是理想的显影剂，它在中性、酸性条件下是极弱的显影剂，而在碱性条件下有极好的溶解性和显影能力。

黄、品红、青染料层分别涂布于感蓝、绿、红的三个乳剂层下面。作为一个影像的组成部分，染料显影剂除了有能力从负片部分扩散到正像接受层以外，还要求它在加工前的负片中，必须是无活性和稳定的，同时至影像接受层沉积后和整个系统的酸碱性达到平衡后，染料必须对光有适宜和稳定的光谱吸收。

每一种染料显影剂最初都被定位在相应的卤化银乳剂层下面，以便在加工期间得以控制。中间有隔层将三层感光乳剂分开，以防三层乳剂相互作用。曝光时，每个染料显影剂层都起着两个作用：一是为它上面的乳剂层起防光晕作用；二是作为吸光染料，相当于一个滤光层，保护下层乳剂免受其他色光的干扰。如黄染料显影剂层保护感绿层、感红层不受蓝光的曝光。

●**黑聚酯片基** 整个负片乳剂层附着在一个黑色的聚酯片基上，片基约厚13微米，以保证胶片的硬度和平整。将其染成黑色，巧妙地解决了胶片在相机外显影时的遮光问题。

◎**正片部分的构造** 正片部分包括影像接受层、调时层、聚合酸层和透明聚酯页片。

●**影像接受层** 影像接受层是由聚乙烯醇或明胶等易吸水膨胀的高分子化合物组成的影像层，

含有能固定染料的媒染剂,胶片曝光后,负片上未曝光区域的染料显影剂分子将扩散到影像接受层,形成彩色影像。

●**调时层**　调时层位于影像接受层上面,由聚合物组成,能适当延缓中和作用,避免加工液中的强碱向上面的聚合酸层过快地扩散,而造成显影不充分。调整该层的渗透性和黏稠度即可控制扩散速度的大小。

●**聚合酸层**　聚合酸层位于调时层上面,是含有羧酸基或硝酸基的聚合物。它用其酸性基团中和加工液中扩散过来的碱生成盐。使用聚合酸是为了防止生成的钾盐在胶片系统内扩散。中和反应生成的水向系统内扩散,又促进了加工反应。

●**透明聚酯页片**　曝光和观察影像时,光线由该页片通过。聚酯层的外边还涂有一个持久的、厚度为1/4波长的防反光涂层,它既可减低表面反射,将眩光减到最小,又可增加页片曝光和观看时的透光率。

◎**加工药包**　波拉药包藏在胶片的宽边之中。包内药剂包括冲洗一张负片和同时沉淀一张正像所需的全部化学药品。药液的成分主要是碱、辅助显影剂、防灰雾剂和增稠剂等,还含有与显影无关的但可提供白衬底的白颜料以及可遮光的染料。总量犹如一滴细小的水珠,却可以获得0.008升/平方厘米的新鲜药液。

曝光后,相机的电动压辊挤破药包,冲洗药液挤入正负片之间,随即在胶片中完成一系列复杂的物理化学变化。

一步成像感光材料的结构参见图10-6。

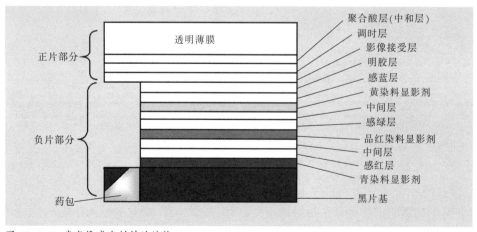

图10-6　一步成像感光材料的结构

一步成像感光材料的成像原理

一步成像系统配用专门的相机,拍摄时,揿下电动快门使之曝光,曝光完成后,经过 0.4 秒,感光材料便从相机中被逐出,起初并不出现可见影像,胶片白边之内呈现均匀的灰绿色,1~2 分钟后即有影像出现,但颜色较淡且不清晰,几分钟后显现出最终的彩色影像。

一步成像感光材料利用扩散转移法获得直接反转彩色正像,由黄、品红、青染料组合成影像中的各种色彩。

显影过程中发生以下反应:

1.药液从负片和正片之间渗入,碱使染料显影剂活化。

2. 在负片各层上已曝光的部位,碱、显影剂和卤化银作用,还原出银,生成由银组成的黑白负像;而显影剂被氧化,失去了扩散能力,使得该层的染料无法移动。

3. 负片各层上未曝光部分的染料显影剂被活化后,向影像接受层扩散转移,当染料显影剂被中和层的酸性物质中和,扩散转移就停止了。

以景物中的蓝色物体为例,曝光时,胶片的感蓝层感光。显影时,感蓝乳剂层中的显影剂被氧化,失去活性,染料被固定在负片上;而未曝光的感红和感绿乳剂层下边的品红和青染料显影剂遇碱活化后,向正片部分扩散,运动到影像接受层被媒染剂固定。青染料和品红染料叠加在一起,在白色衬底上显

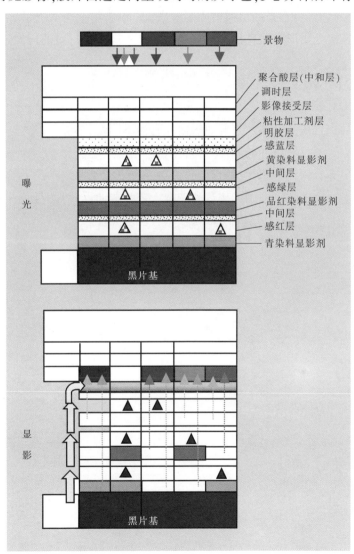

景物

聚合酸层(中和层)
调时层
影像接受层
粘性加工剂层
明胶层
感蓝层
黄染料显影剂
中间层
感绿层
品红染料显影剂
中间层
感红层
青染料显影剂

曝光

黑片基

显影

黑片基

图 10-7　一步成像感光材料的成像过程

195

示为蓝色。

若景物为黑色,曝光时,胶片的三个乳剂层都不感光;在碱的作用下,卤化银不显影,而各个染料显影剂层遇碱活化,一起向正片部分扩散,运动到影像接受层被媒染剂固定。黄、品红、青染料叠加在一起,在白色衬底上显示为黑色。

总之,感光的负像被固定下来,不能移动,而未曝光的正像部分的染料却可以移动,后者集中在影像接受层形成了直接彩色正像。一步成像感光材料的成像过程见图10-7。

习 题

1. 黑白染料片与普通黑白片有何不同?
2. 反转负冲的影像有何特点?
3. 银漂法感光材料有何特点?
4. 柯达克罗姆的构造和冲洗工艺与普通反转片有何不同?
5. 可变反差相纸与普通相纸有何差异?
6. 一步成像感光材料有何特点?

Houji 后 记

传统感光材料在与数字成像体系融合中发展

在 20 世纪 80 年代初,第一台电子相机问世,人们曾对业界专家做出的"摄影将不用胶片"的预测深信不疑。但随着时间的推移,经摄影实践证明,化学成像和数字成像体系的成像原理和方法各不相同,获得的影像质量、所需的成本和制作速度等也各有优势和缺陷。因此,数字成像体系的发展并未排斥和取代传统的化学成像体系,相反,两种体系在发展过程中相互吸纳了对方的优势,来弥补自身很难突破的与生俱来的一些局限性。

现将两种成像方式的异同点以相应的数据形式列于下表:

	卤化银体系	CCD 体系
感光载体	卤化银	硅
感光载体的分布	随机	规则
感光载体的单元的大小(平方微米)	0.5~10	81~144
像素大小(平方微米)	5~10	81~144
单位面积的像素数量(像素/平方毫米)	10^4~10^5	10^4
感光载体的面积(平方毫米)	24×36	<24×36
像素数量(像素/平方毫米)	10^7~10^8	10^6
成像方式	光→化学	光→电→数字
感光度	ISO25~3200	可调范围从 ISO50~6400
分辨率	高	低
成本	低	高
真实性	好	差
保存性	差	好
存储方式	感光材料上的图像	外部存储器上的数字文件
传输	难	易
修改	难	易
常规显示方式	照片、幻灯片	在监视器上观看

这种优势互补的方式,以 1+1>2 的效果使它们的最佳特性得到了充分利用,使传统的化学成像方式和数字成像方式都得以延伸。

从化学影像到数字影像

利用扫描仪将用常规方法拍摄、冲洗得到的底片、反转片或照片转变为数字文件,输入计算机,用图像处理软件对影像进行细微的修补和修改,甚至做出一些超现实的怪诞处理。可以将影像的数字文件存储在光盘、磁盘上,以多媒体的方式在计算机屏幕上观赏,也可以打印在各种不同材质的纸上,或通过网络快速传输,给报刊杂志供稿。

Photo-CD 图片视盘的制作过程就是一个从化学成像到数字影像的很好例子。

这个成像系统用常规方法拍摄影像,因为毕竟经历了 150 多年的发展,化学影像体系可以以低廉的费用提供高质量的影像,得到的影像可记录在黑白底片、彩色底片和彩色反转片上,也可以对为黑白和彩色照片的影像进行扫描,将其数字化,输入计算机,进行合成等处理,然后用刻盘机刻录到光盘上。每张直径 12 厘米的光盘可以存储 100 张照片,每张照片所含有的像素可达 4.5~6 兆字节的信息量,比一般电视的信息容量大 10 多倍,为高清晰度电视的 4 倍。这种图片视盘可以通过激光光盘读取器 Photo-CDPlayer,在电视屏幕上显现出极为清晰的电视图像,也可以通过 CD-ROM 在个人计算机上欣赏图片,还可以用热升华打印机复制出规格不同的彩色照片。在这个过程中,数字成像系统在影像的传输、处理、存储和显示等方面灵活方便的优势也得到了充分的应用。

从数字影像到化学影像

用数字相机拍摄的影像,或用计算机制作或处理过的影像,可通过胶片记录仪等设备,将影像的数字信号转变为光信号,用曝光的方式输出到负片或正片上,经过冲洗得到常规的底片或正片。

在海湾战争中,美军军事侦察和资源勘测卫星上所用的成像系统大显身手,就是一个从数字影像到化学影像的成功例子。

美军采用了 50 多颗军事卫星侦察对方地面和地下军事目标,其中分辨率最高的第六代军事卫星上装有直径 4.7 米、焦距 2.4 米的长焦距摄影镜头,可以在距离地面 160 公里的高空拍摄地面行人手中的报纸和地面的汽车牌照。该系统用 CCD 捕捉信息,实时地用无线电发送到地面站,存储在计算机磁盘上,然后用电子束记录器对胶片曝光,经过冲洗加工,得到化学影像。

另外,战地摄影组既使用静态视频相机通过电话线向华盛顿传输影像;也用普通相机拍摄大量常规的彩色负片和反转片,经扫描后,用电话线传输到华盛顿,存储在计算机的磁盘或光盘等数字化的记录设备中,这些影像可以按需要打印成彩色硬拷贝和彩色照片。

下图显示了两种成像体系在成像过程中的融合方式，可以看出两种成像方式的融合使摄影术得以延伸，这是科学技术发展的必然趋势。

我们有理由相信，传统卤化银感光材料的优势将在与数字成像体系融合的过程中得以发展延伸。在预测卤化银感光体系能否遇到良好的机遇时，一位感光理论专家有一个形象的表述：电子成像过程只有一个"生命"载体——电子，而卤化银成像过程却有多个"生命"载体，有电子、离子，还有分子。有关的成像机制还尚未被科学家们充分利用。因此，卤化银成像体系还会有比较多的发展方案。

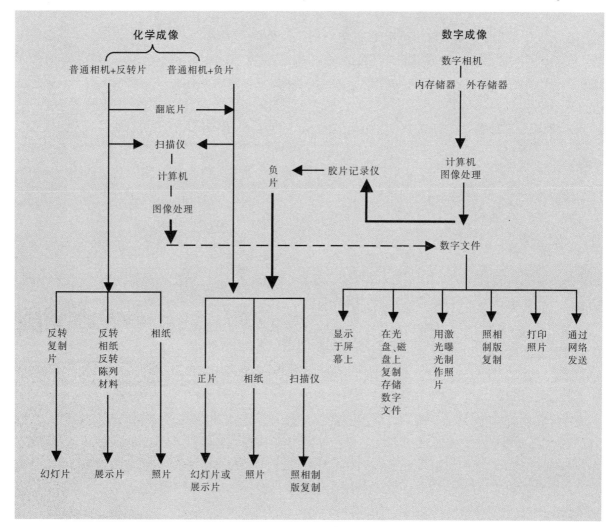

责任编辑：余　谦
装帧设计：任惠安
封面设计：刘灿国
责任校对：程翠华　朱晓波

图书在版编目(CIP)数据

感光材料的性能与使用/张铭著. —修订版. —杭
州:浙江摄影出版社,2007.8(2019.4 重印)
(北京电影学院摄影专业系列教材)
ISBN 978-7-80686-572-9

Ⅰ.感… Ⅱ.张… Ⅲ.感光材料-高等学校-教材
Ⅳ. TB84

中国版本图书馆 CIP 数据核字(2007)第 073994 号

北京电影学院摄影专业系列教材

感光材料的性能与使用 修订版

张　铭　著

全国百佳图书出版单位
浙江摄影出版社出版发行
地址:杭州市体育场路 347 号
邮编:310006
电话:0571-85151082
网址:www.photo.zjcb.com
经销:全国新华书店
制版:杭州兴邦电子印务有限公司
印刷:浙江新华印刷技术有限公司
开本:787mm×1092mm　1/16
印张:13.25　彩插:4
2007 年 8 月第 1 版　2019 年 4 月第 3 次印刷
ISBN 978-7-80686-572-9
定价:36.00 元

如有印、装质量问题，请寄承印厂调换

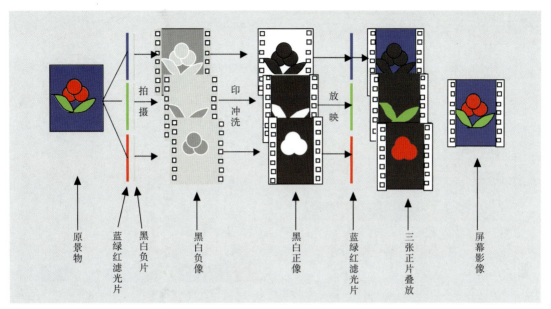

图1-1

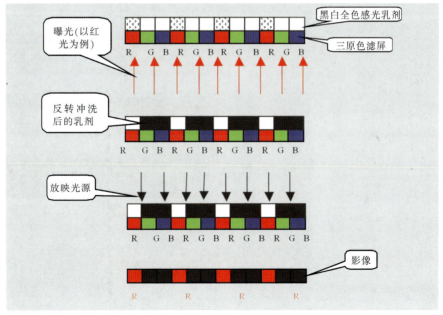

图1-2

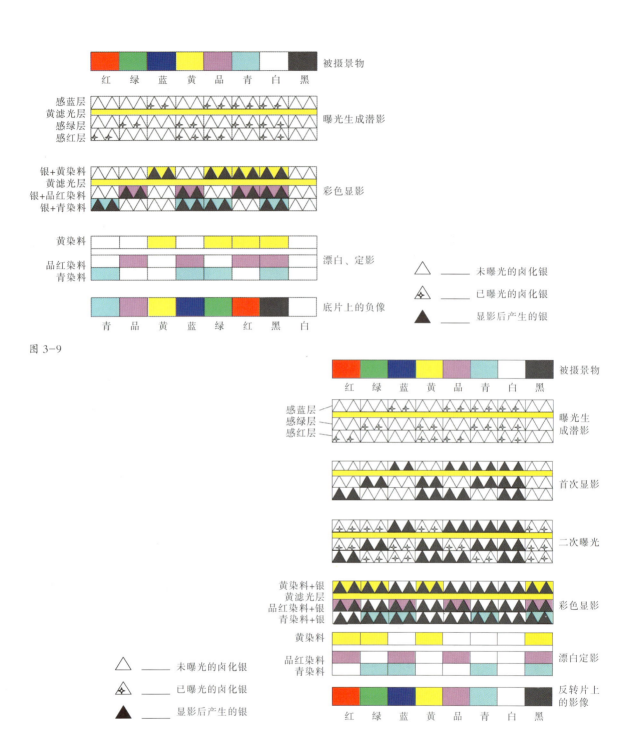

被摄景物

红 绿 蓝 黄 品 青 白 黑

感蓝层
黄滤光层
感绿层
感红层

曝光生成潜影

银+黄染料
黄滤光层
银+品红染料
银+青染料

彩色显影

黄染料

品红染料
青染料

漂白、定影

底片上的负像

青 品 黄 蓝 绿 红 黑 白

△ —— 未曝光的卤化银

✧ —— 已曝光的卤化银

▲ —— 显影后产生的银

图 3-9

被摄景物

红 绿 蓝 黄 品 青 白 黑

感蓝层
感绿层
感红层

曝光生
成潜影

首次显影

二次曝光

黄染料+银
黄滤光层
品红染料+银
青染料+银

彩色显影

黄染料

品红染料
青染料

漂白定影

反转片上
的影像

红 绿 蓝 黄 品 青 白 黑

△ —— 未曝光的卤化银

✧ —— 已曝光的卤化银

▲ —— 显影后产生的银

图3-10

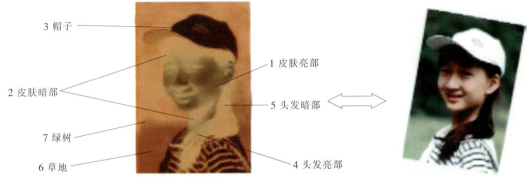

3 帽子

1 皮肤亮部

2 皮肤暗部

5 头发暗部

7 绿树

6 草地

4 头发亮部

图 4-14

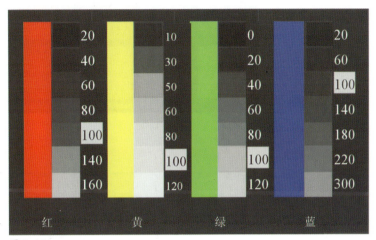

红		黄		绿		蓝	
	20		10		0		20
	40		30		20		60
	60		50		40		100
	80		60		60		140
	100		80		80		180
	140		100		100		220
	160		120		120		300

图 5-11A

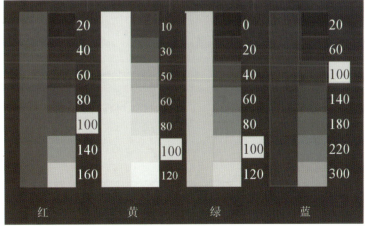

红		黄		绿		蓝	
	20		10		0		20
	40		30		20		60
	60		50		40		100
	80		60		60		140
	100		80		80		180
	140		100		100		220
	160		120		120		300

图 5-11B

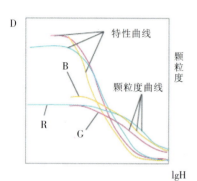

图 5-15A

图 5-12

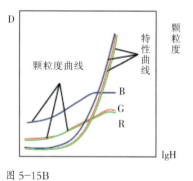

图 5-15B

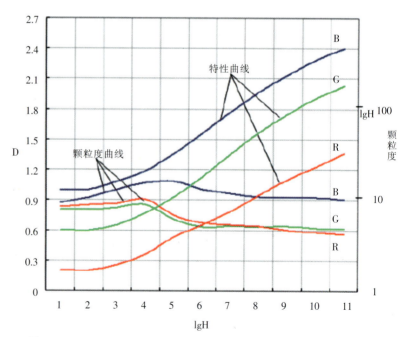

图 5-15C

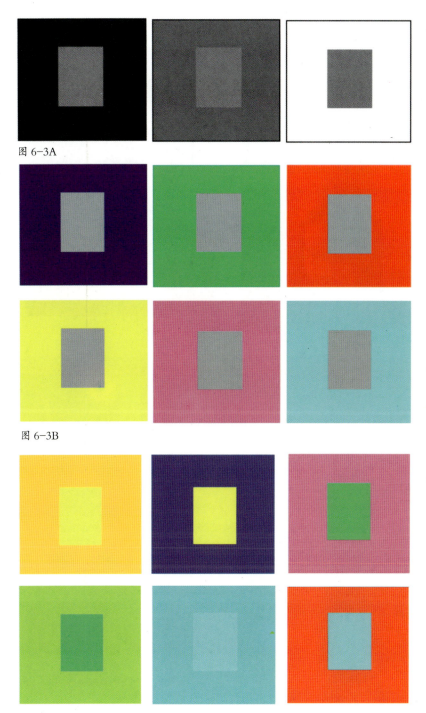

图 6-3A

图 6-3B

图 6-4

图 6-5

图 6-6

图 6-7

曝光不足,显影不足

曝光正确,显影不足

曝光过度,显影不足

曝光不足,显影正确

曝光正确,显影正确

曝光过度,显影正确

曝光不足,显影过度

曝光正确,显影过度

曝光过度,显影过度

图 7-1

图 9-9A

图 9-9B　(刘笑薇提供)

图 9-9C

曝光正常

曝光不足

曝光过度

图 9-11

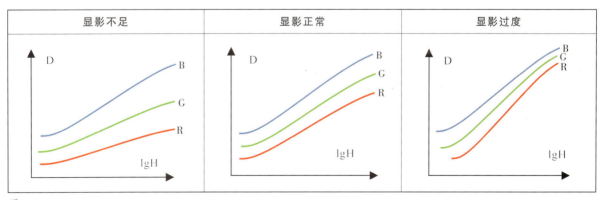

图 9-12

首次显影不足	首次显影正常	首次显影过度

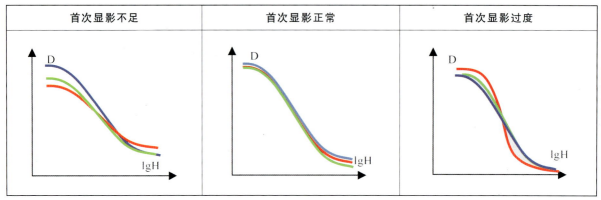

图 9-13

胶片型号	彩色反转片 EB-2 100	彩色反转片 EB-2 100	彩色负片 KODAK PRO 100
冲洗工艺	彩色反转片的常规冲洗（E-6工艺）	彩色反转片的非常规冲洗（C-41工艺）	彩色负片常规冲洗（C-41工艺）
感光特性曲线	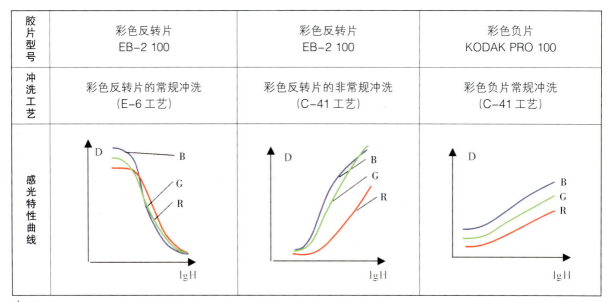		

表 10-1